U0942565

高硫煤还原分解磷石膏的技术基础

宁　平　马林转　著

北　京
冶金工业出版社
2007

内容简介

磷石膏是湿法磷酸生产过程中产生的工业废渣，是化学工业中排放量最大的固体废物之一。本书介绍了利用黄磷尾气和高硫煤还原磷石膏的技术基础和试验结果。全书共分七章，主要包括分别利用黄磷尾气和高硫煤还原分解磷石膏的热力学及动力学研究，利用热重分析仪对磷石膏的动力学研究，循环流化床分解磷石膏的冷态实验研究，磷石膏分解过程产生的烟气中的二氧化硫的回收及利用等。

本书可供环境工程、能源工程以及湿法磷酸“三废”治理的工程技术人员和高等院校相关专业的师生阅读。

图书在版编目（CIP）数据

高硫煤还原分解磷石膏的技术基础/宁平，马林转著.—北京：冶金工业出版社，2007.9

ISBN 978-7-5024-4383-2

Ⅰ.高…　Ⅱ.①宁…　②马…　Ⅲ.①高硫煤—还原—磷石膏　②高硫煤—分解—磷石膏　Ⅳ.TQ177.3

中国版本图书馆 CIP 数据核字（2007）第 152134 号

出 版 人　曹胜利

地　　址　北京北河沿大街嵩祝院北巷 39 号，邮编 100009

电　　话　（010）64027926　电子信箱　postmaster@cnmip.com.cn

责任编辑　郭庚辰　美术编辑　李　心　版式设计　张　青

责任校对　石　静　责任印制　丁小晶

ISBN 978-7-5024-4383-2

北京兴华印刷厂印刷；冶金工业出版社发行；各地新华书店经销

2007 年 9 月第 1 版，2007 年 9 月第 1 次印刷

850mm × 1168mm　1/32；6.5 印张；170 千字；194 页；1-2000 册

25.00 元

冶金工业出版社发行部　电话：(010)64044283　传真：(010)64027893

冶金书店　地址：北京东四西大街 46 号(100711)　电话：(010)65289081

（本书如有印装质量问题，本社发行部负责退换）

前　言

磷石膏是湿法磷酸生产过程中产生的工业废渣，是化学工业中排放量最大的固体废物之一，磷石膏中的 $CaSO_4 \cdot 2H_2O$ 含量一般高达 90% 以上，是一种重要的再生资源。但是，磷石膏中含有磷、氟及有机物等诸多有害杂质，使其不能直接利用，且对大气和地下水造成的污染尤为突出并且日益严重。因其 pH 值和可溶性氟两项指标超标，国家环保总局在“环函〔2006〕176 号文”中将磷石膏定性为“危险废物”。磷石膏的综合利用，对环境安全、资源有效利用及磷肥工业可持续发展的技术安全均具有巨大的商业价值和现实意义。

本书提出利用黄磷尾气（主要成分为 CO）和高硫煤还原分解磷石膏，并对其可能性和可行性进行了热力学分析。结果表明，利用黄磷尾气和高硫煤还原分解磷石膏可以降低磷石膏分解的温度，且弱还原性气氛有利于磷石膏的分解，还原分解磷石膏的最佳温度为 800～1200℃。

利用热重分析仪对磷石膏与纯石膏的分解动力学进行了研究，得到了磷石膏与纯石膏分解的动力学参数。结果表明：(1) 磷石膏中存在的杂质促进了磷石膏的分解，降低了磷石膏的分解温度，加快了磷石膏的分解速度；(2) 随着反应温度的提高，磷石膏的分解越来越容易，磷石膏的分解符合气、固反应机理方程中的形核、长大模型；(3) 通过对 $CaSO_4$ 分解技术与 $CaCO_3$ 分解技术的研究，证明了在反应温度、反应气氛、反应转化率和分解反应机理上，磷石膏的分解比 $CaCO_3$ 的分解所要求的条件更高，不能完全利用 $CaCO_3$ 的煅烧窑来分解磷石膏。

利用自制的小型固定床试验装置，进行了黄磷尾气和高硫煤还原分解磷石膏的试验研究，随着反应温度的升高，磷石膏分解率与脱硫率增加、反应速率加快，弱还原性气氛有利于烟气中 SO_2 体积分数的提高，磷石膏的分解率和脱硫率达到一个最佳值，从两种还原剂的试验结果对比可知，利用高硫煤还原分解磷石膏可以提高烟气中 SO_2 的体积分数，可解决长期以来利用磷石膏提硫制水泥因 SO_2 的体积分数低而不能得以充分推广利用的瓶颈问题。

在自制的循环流化床反应器中进行了磷石膏分解的冷态试验研究，得出了循环流化床炉膛压降、颗粒浓度与物料量和风量的关系。在此研究基础上，利用大型 Fluent 软件对循环流化床反应器分解磷石膏的气、固两相流进行了数值模拟研究，模拟了反应器中气泡的产生、形成、发展及爆裂，流体质点在运动过程中走过的曲线，炉膛内固相空隙率的分布，床内颗粒浓度场和速度场的分布，床内压降的分布，湍动能和湍动能耗散率。模拟结果表明，即使对于相同的气体表观速度，随着初始量和固体物料循环量的不同，也会出现床层空隙率轴向分布的不同。颗粒浓度分布的模拟结果表明，在矩形截面流化床内存在一个大的内循环，这有利于流化床内反应的发生和强化。反应器单侧出口模拟表明，单侧出口形成了颗粒浓度最大值的偏移、颗粒速度的偏移、湍动能的偏移以及湍动能耗散率的偏移，有利于固体物料量的循环且强化反应。

利用生物质热解气催化还原分解磷石膏所产生的烟气中的 SO_2 制取单质硫，并进行了试验研究。同时对催化剂的选择和制备进行了研究，并从催化剂的活性、选择性、稳定性三方面对催化剂的性能进行了评价。结果表明：制备方法对催化剂的活性有重要的影响，其催化剂活性排序为溶胶-凝胶法 > 共沉淀法 > 浸渍法；活性组分的负载量直接影响催化剂的活性、选择性和稳定性。不同的活性组分负载量对催化剂性能的影响在低温时并没有很大的区别，但到高温时则表现出了较大的差异，其中当Cu的负载量为15%（质量分数）时，催化剂的性能最好且最稳定；催化剂的最佳焙烧温度为750℃，这时的催化剂可使反应气体的转化率达到最高；利用过渡金属Fe、Co、Mo改性催化剂可以改善催化剂的性能，Ni的改性没有对催化剂性能的改善起到作用。

本书是云南省自然科学基金“高硫煤还原分解磷石膏制取高浓度二氧化硫和高品质水泥原料”（项目编号：2006E0023Q）的研究成果之一，在此感谢云南省科技厅和昆明理工大学的大力支持。本书在编写过程中，还得到云南民族大学化学与生物技术学院，昆明理工大学环境工程学院，云天化集团股份有限公司以及昆明理工大学环境调和型能源新技术研究所全体同仁的支持和帮助，在此谨向他们表示由衷的谢意。

由于作者水平所限，书中不妥之处，敬请广大读者批评指正。

作　者

2007年6月

目　录

1 绪 论

1.1 磷石膏的产生及其危害

1.1.1 磷石膏的产生

磷石膏是生产磷肥的废渣，即用硫酸与磷矿石反应，湿法生产磷酸时所得的副产品，其主要的化学成分是硫酸钙。其反应如下[1~3]：

$$Ca_5(PO_4)_3F(\text{磷矿}) + H_2SO_4 \longrightarrow$$
$$H_3PO_4 + 2CaSO_4 \cdot mH_2O(\text{磷石膏}) + HF \qquad (1\text{-}1)$$

我国磷肥生产始于20世纪40年代，但真正属于工业化生产是在50年代，虽然起步早于氮肥，但发展速度却不如我国氮肥工业。近5年是磷肥工业由低效肥向高效肥快速转变的时期。其中磷是用量最大的两大营养元素之一，表1-1为我国目前所用含磷养分化肥的浓度。

表1-1 含磷养分化肥的浓度[4]

化肥名称	过磷酸钙	钙镁磷肥	磷酸铵	重过磷酸钙
养分(P_2O_5)含量(质量分数)/%	12~18	16~18	46~55	40~50

磷酸铵、重过磷酸钙等高效磷肥是我国化肥工业今后发展的主要品种。到2005年，磷酸铵、重过磷酸钙等产品就已达到磷肥总量的51%。目前我国每年使用磷肥850万t，其中国产600万t，其余从国外进口。因此，磷肥是国家鼓励发展的肥料品种，还有较大的发展空间。生产磷酸铵、重过磷酸钙等高效磷肥都必须以磷酸为原料。

根据生产方法磷酸可分为热法磷酸和湿法磷酸。热法磷酸纯度很高，但成本也很高。由于经济原因，用于生产磷（复）肥的磷酸，大多用湿法磷酸。

从广义上讲，凡是用酸分解磷矿制成的磷酸，可统称为湿法磷酸。每生产 1t 磷酸就要产生 4 ~ 5t 磷石膏。磷石膏的主要成分是 $CaSO_4 \cdot mH_2O$，根据生产工艺中反应温度、SO_4^{2-} 浓度、P_2O_5 浓度、反应时间等参数的不同，分子式中结晶水的数量 m 可为 2、1/2、0，但因在较宽范围生产控制条件下，二水物向无水物转化速率极慢，所以 $m=0$ 的情况不必考虑。按磷石膏的结晶水分类，湿法磷酸工艺可分为二水法、半水法、半水-二水法、二水-半水法。每一种工艺又有不同的工艺技术与工艺流程。表 1-2 为世界主要湿法磷酸工艺概况，表 1-3 为我国湿法磷酸工艺概况。

表 1-2　世界湿法磷酸工艺概况[5]

工艺方法	建厂套数	P_2O_5 总生产能力/$t \cdot d^{-1}$	石膏结晶产物
二水法	217	78472	$CaSO_4 \cdot 2H_2O$
半水法	10	4553	$CaSO_4 \cdot \frac{1}{2}H_2O$
半水-二水法	8	3336	第一阶段 $CaSO_4 \cdot \frac{1}{2}H_2O$，最终产物 $CaSO_4 \cdot 2H_2O$
二水-半水法	9		第一阶段 $CaSO_4 \cdot 2H_2O$，最终产物 $CaSO_4 \cdot mH_2O$

表 1-3　我国湿法磷酸工艺概况[5]

工艺方法	工厂规模/t	（建厂）套数	P_2O_5 总生产能力/$t \cdot d^{-1}$
二水法	≥400	4	2470
	100 ~ 400	5	1055
	<100	86	4054
半水法	50 ~ 100	2	170
半水-二水法	210	1	210

由表1-2与表1-3可知，全世界，尤其是我国，无论是建厂套数，还是生产能力，二水法工艺都占绝大多数。所以国内外对结晶产物研究较多的是二水法工艺排放的以二水石膏状态存在的磷石膏。从表1-4可知云南省磷酸行业的快速发展将促进磷石膏产量的急速增长。

表1-4　1990～2004年云南湿法磷酸产量[6]

年份	P_2O_5产量/kt	同比增长/%	年份	P_2O_5产量/kt	同比增长/%
1990	35.01		2001	512.26	36.47
1998	264.0		2002	660.42	28.92
1999	325.0	23.11	2003	871.13	31.91
2000	375.36	15.50	2004	1304.04	49.70

注：不含饲料级磷酸氢钙生产企业的湿法磷酸产量。

1.1.2　磷石膏的危害及其利用现状

磷石膏不同于天然石膏，它的纯度虽高达90%以上，但除含$CaSO_4 \cdot 2H_2O$外，还含有未分解的磷矿，未洗涤干净的磷酸以及氟化钙、铁铝化合物、酸不溶物、有机质等多种危害人体健康及生物生长的有害杂质，所以它的任意排放，不仅占用大量土地，浪费了宝贵的硫资源，而且会污染环境，给生态带来危害[7～9]。随着化学工业的发展，我国的磷石膏成为化学工业中排放量最大的废料，对大气和地下水造成污染威胁尤为突出和日益严重，到目前为止，还没有得到很好地利用，绝大多数磷石膏被当作废物丢弃。磷化工厂周围的磷石膏堆积如山，侵占良田，污染环境，造成公害。因此，磷石膏安全处理的环境条件已成为建设磷肥厂选择厂址的制约因素，进而直接影响磷复肥工业的发展[10]。

据测算，一个年产重钙（重过磷酸钙）80万t项目，年排放磷石膏渣达186万t，堆场投资估算达9000万元，堆场年经营近1000万元，占地达70万m^2，相当于全厂占地的一半，即使如此，堆场容量仍未达到合理要求[11]。目前，全国生产磷酸能力以 P_2O_5 计约 800 万 t/a[12]，其中湿法磷酸生产能力约 546 万 t/a[13]，每年的磷石膏废渣量在 2500 ~ 3000 万 t（干基）占地达 2000hm^2，仅渣厂投资估算达 10 亿元[14]。从环保和技术安全角度看，磷石膏废渣堆存实非上策，综合利用已是迫在眉睫的大问题[15]。

2006 年 2 月，国家环保总局派出检查组对云天化集团下属的云南三环化工有限公司 120 万 t/a 磷酸铵工程和云南富瑞化工有限公司 30 万 t/a 磷酸及 60 万 t/a 磷酸铵装置国产化示范工程项目进行了环境风险评估。5 月 9 日，环保总局以环函〔2006〕176 号文的形式，对外公布了包括三环公司、富瑞公司两个磷肥项目在内的 20 个化工、石化建设项目环境风险排查结果报告，在该报告中首次将磷石膏渣定性为“危险废物”。报告中指出：云南三环化工有限公司 120 万 t/a 磷酸铵项目主要存在的问题是：“渣场贮存危险废物，下游即为村庄和新建企业，存在重大环境隐患”。云南富瑞化工有限公司年产 30 万 t 磷酸及年产 60 万 t 磷酸铵装置国产化示范工程主要存在的问题是：“渣场贮存危险废物，距离长江支流、滇池出水河道螳螂川 200m，存在重大环境隐患”。要求重新识别生产过程中的重大危险源，重新进行渣场环境影响评价，尽快实施两个村庄的搬迁等。环保总局这一新的政策动向，引起整个磷肥行业极大的震动和重视。

这次排查超标的数据是国家危险废物目录中控制的 pH 值和无机氟化物浸出质量浓度（不包括氟化钙）两项指标，即 pH 值不大于 2.0，无机氟化物浸出质量浓度（不包括氟化钙）不大于 50mg/L。排查采用的数据是企业取自磷石膏渣场回水的例行分析数据。这里有一个情况没有排除，就是企业为提高水的利用率对磷石膏渣场回水实行了封闭循环，由于循环使用水分蒸发，其中水溶性 P_2O_5 和氟化物含量有很大的浓缩，直接会导致 pH 值和无机氟化物浸出质量浓度这两项指标的升高。

国家环保总局将磷石膏渣定义为危险废物，这对促进整个磷肥行业的健康和可持续发展是一个积极信号。由于对危险废物的处置费用要比一般废物大得多，对其进行利用也有很多限制。很多磷肥企业根本无法承担磷石膏渣作为危险废物的治理费用，这将有助于磷肥企业的重新整合和技术进步。

我国目前是世界第一大磷肥生产国，同时也是第一大磷石膏副产国。近年来，各企业在对磷石膏的治理和综合利用方面进行了积极的探索，鲁北企业集团等企业大力实施磷石膏综合利用技术改造，目前已实现磷石膏的产销平衡，消灭了渣堆。鲁北企业集团、贵州宏福实业开发总公司、贵州开磷（集团）有限公司围绕实施循环经济进行了积极地探索，被国家发改委选为全国发展循环经济试点单位。秦皇岛华赢磷酸有限公司、安徽铜陵化工集团有限公司、山东奥宝化工集团公司等企业在磷石膏综合利用方面都取得了一定的成绩，创造了许多成功的经验。表 1-5 列出了在近期调研基础上统计的我国现行的磷石膏利用方式及用量。

表 1-5　我国现行的磷石膏利用方式及用量

单位名称	磷石膏利用方式	年利用量（产量）	期 望 值
安徽铜陵化工集团有限公司	磷石膏缓凝球	40 万 t	60 ~ 100 万 t
	建筑石膏粉	10 万 t	
	纸面石膏板	1000 万 m^2	1000 万 m^2
	土壤改良剂		
贵州宏福实业开发总公司	磷石膏缓凝球	10 万 t	
	建筑石膏粉		20 万 t
	纸面石膏板		4000 万 m^2
	磷石膏砌块	40 万 m^2	100 万 m^2
贵州开磷（集团）有限公司	多功能石膏砌块	135 万 m^2	1 亿块磷石膏标砖
	磷石膏充填采矿		
山东奥宝化工集团公司	石膏粉	30 万 t	
	纸面石膏板	3000 万 m^2	
	石膏墙板	40 万 m^2	
秦皇岛华赢磷酸有限公司	磷石膏缓凝球	10 万 t	
	纸面石膏板	2000 万 m^2	
	全年合计总量	150 ~ 200 万 t	

从表1-5可知，我国磷石膏的利用量非常小。随着高浓度磷复肥产量的增加，低品位磷矿用得越来越多，磷石膏渣的产生量将越来越大，预计到2010年全国磷石膏渣的产生量将达到5000万t。堆存这些磷石膏渣不仅占用大量土地，还易造成污染，环保压力越来越大，成为磷肥工业发展的制约因素之一。

据了解，目前许多地处山区的企业和大型磷肥企业，由于磷石膏产生量巨大，磷石膏综合利用产品的市场容量有限，短期内还无法做到对磷石膏全部利用，只能采用露天堆放处理。国内小型磷肥企业大多采用干法排渣，平地堆放的办法。大型磷肥企业采用湿法排渣，在山谷筑坝堆放，建管道收集回水作循环使用。据不完全统计，目前国内堆存的磷石膏渣达到1亿多吨，每年还要新产生3000万t的磷石膏渣，除去综合利用的约10%，有2000多万吨磷石膏渣要作废弃堆放处理。

综观国内磷肥行业情况，各企业磷石膏渣堆放情况复杂，渣的成分也由于磷矿成分不同而各异，而且至今国内还没有做过全面的磷石膏处理情况普查和污染指标检测。磷肥工业是我国一个重要的支农行业，而且中国耕地普遍存在缺磷少钾的特点，目前磷复肥是市场畅销的当家化肥品种，磷复肥供应情况对农业生产影响极大。磷石膏渣是否为危险废物的定性问题，关系到我国磷肥工业的生存发展和磷石膏的利用，也关系到我国农业生产能否平稳较快地发展。

若把磷石膏渣定为危险废物，则现有的各磷复肥企业的磷石膏渣场将不符合要求，目前堆存的1亿多吨磷石膏渣将需要重新处置，须花费大量的资金重建改建渣场，这将大大提高磷复肥的生产成本。为发展农业，目前国家对磷复肥实现限价销售，磷肥生产利润率低。有一个统计数据显示，2005年全行业实现利润是56亿元，而国家给予全行业的支农政策优惠50多亿元，若没有国家优惠政策，整个磷肥行业则无利润可言，企业是保本微利经营。现在如果把磷石膏渣定为危险废物来处置，其巨大的投入将导致磷肥行业全面亏损，磷肥工业的发展将陷入困境。另一方面，我国磷石膏渣的堆存量已经很大，占用了大量的土地，成为制约行业发展的一个重要因素，加大磷石膏渣的利用是磷肥行业的重要任务。但磷石膏渣若定义为危险废物，对其运输、储存、加工、利用等都有很多相关要求，将对磷石膏渣的综合利用产生限制作用，甚至会断送整个磷石膏渣综合利用产品的市场。

据了解，目前环保总局正在修订《危险废物鉴别标准》，拟将有关磷石膏渣的一项危险废物鉴别指标——无机氟化物浸出质量浓度（不包括氟化钙）由不大于50mg/L调整为100mg/L，但浸出溶液改为pH值为3.2的酸性溶液。这是为符合目前国内出现酸雨的实际情况而做出的修订。但无论如何，国家环保总局将磷石膏渣定性为危险废物，给了整个磷肥行业一个警示：磷石膏渣的处理利用必须加速。

磷石膏的治理和利用问题是一个世界性的难题，中国作为世界上第一大磷肥生产国，同时也是第一大磷石膏副产国，磷石膏的治理问题尤为迫切。目前中国石油和化学工业协会已提出了目标，到2010年磷石膏综合利用率要达到20%，即年处理量达到1000万t。

1.2 磷石膏的预处理

磷石膏中硫酸钙的含量一般较高，但其在组成及结构方面存在差异，而且含有少量杂质，一般不能直接代替天然石膏，须经适当预处理以消除有害杂质的不利影响后方可利用[16~18]。目前通常使用的预处理方法有以下几种。

1.2.1 水洗工艺

磷石膏的可溶性杂质特别是可溶性 P_2O_5 与可悬浮于水面的有机物对性能的影响很大，若能将其除去，一定会显著改善磷石膏的性能。通常采用不同水温、水料比、水洗次数来对磷石膏的pH值进行测量，以判断水洗的效果。在水洗过程中净化的关键有两个，一是经过水洗必须获得性能稳定且杂质含量符合建材行业要求的二水石膏；二是解决水洗过程中所造成的二次污染。磷石膏中可溶性的P_2O_5和F^-易溶于水，有机物在水洗过程中悬浮于水面，通过水洗可以将大部分此类杂质除去，洗涤后的污水必须经过处理后方可排放或再利用[19]。

就消除有害杂质影响而言，水洗是最有效的方式。因为水洗工艺可消除共晶磷、难溶磷以外的其他有害杂质的影响[20]。所以水洗预处理的磷石膏用作水泥缓凝剂、用于加工熟石膏等可基本达到天然石膏的性能指标。使用两倍磷石膏质量的水量，可溶磷和氟可去除80%，使用三倍水量则去除率达90%，水量与去除率之间的关系基本上服从稀释定律，而水温和水洗时间对上述过程影响不大。水洗法技术成熟，处理后磷石膏性能较稳定，而且水洗后的磷石膏晶体干净清晰，轮廓分明，胶结材及其硬化体显微结构接近天然石膏。但是水洗的一个主要缺点是生产线一次投资大，水耗和能耗均较高，水洗后污水排放造成二次污染。显然，水洗工艺不符合我国磷肥厂规模小、分散的国情以及我国水资源极其短缺的现状。我国磷石膏建材完全依赖于水洗工艺是不现实、不合理的。

1.2.2 浮选工艺

浮选是利用水洗时，有机物浮上水面的特性，通过浮选设备，将浮在水面上的有机物除去的方法。浮选实质上是属于湿法预处理，浮选前将水和磷石膏以合适的比例输送到浮选设备，然后搅拌、静置、除去液体表面的悬浮物质。该方法可以除去有机物和部分可溶性杂质，但是对可溶性杂质的去除量不像水洗那样显著。仅采用浮选预处理并不能制备合格的建筑石膏，因为可溶性杂质的影响一般都必须考虑，所以，此法一般和其他方法配合使用。同时浮选工艺也需要引入水，只不过水可以循环使用，若实现规模处理，与水洗相比除耗水较少外，其他过程的复杂程度差别不大，是介于水洗和非水洗之间的预处理，可称之为半水洗工艺。当磷石膏中的有机质含量较高时，采用浮选的工艺处理方法较为合理。

1.2.3 石灰中和改性法

磷石膏的可溶性杂质对性能影响显著，若能使其生成难溶性物作为磷石膏的惰性填料，必然会大大减小可溶性杂质的影响。通过加入生石灰、熟石灰等碱性物质能中和磷石膏中的残留酸，调整磷石膏的 pH 值，消除磷石膏中残留酸对其性能的影响，同时还可与可溶的 P_2O_5 生成惰性的难溶物，使可溶物变成惰性物。这样可以改变磷石膏石膏体系中的酸碱度，使磷石膏中的可溶性磷、氟转化成惰性盐，可降低对磷石膏性能的不利影响。具体发生的反应如下：

$$P_2O_5 + 3H_2O + 3CaO \xlongequal{} Ca_3(PO_4)_2\downarrow + 3H_2O \quad (1\text{-}2)$$

$$2F^- + CaO + H_2O \xlongequal{} CaF\downarrow + 2OH^- \quad (1\text{-}3)$$

另外，碱性物质的生石灰必须适量，掺量过高会对建筑石膏的性能产生不良影响。但是利用石灰中和不能消除有机质对胶结材性能的影响。

国内磷石膏品质一般波动较大，采用石灰中和预处理工艺时，必须对磷石膏进行预均匀化处理。因为磷石膏一般含水20%～30%，使上述反应具备了条件。石灰中和工艺简单、投资少，不产生污染，效果显著，是一种经济、实用而有效的预处理方式，是非水洗预处理磷石膏的首选工艺，但是处理后磷石膏的性能不如水洗法，特别适用于品质较稳定、有机质含量较低的磷石膏。

该法目前已被用于生产水泥和水泥缓凝剂，该方法使用磷石膏的数量大，且无二次污染，但是我国的水泥工业对磷石膏的处理量已不能满足磷肥工业的发展需要，要增加磷石膏的用量也是一条比较好的发展途径。

1.2.4 球磨法

磷石膏的颗粒级配呈正态分布，颗粒分布高度集中。其中二水石膏晶体粗大、均匀，其生长较天然二水石膏晶体规整，多呈板状。磷石膏的这一颗粒特征是磷酸生成过程中，为便于磷酸过滤、洗涤而刻意形成的。这种颗粒结构使其胶结材流动性很差，水磷石膏比高，硬化体物理力学性能变坏。而球磨是改善磷石膏结构的有效手段。球磨可以使磷石膏中的二水石膏晶体规则的板状形貌和均匀的尺度遭到破坏，使其颗粒形貌呈柱状、板状、粒状等多样化。颗粒粒度变小，使颗粒正态分布变为漫散分布，增加胶结材的流动性，从根本上改善了硬化体孔隙率高、结构疏松的缺陷[21]。

但是球磨处理只解决了磷石膏的颗粒级配与结构，而未消除杂质的不利影响。所以球磨一般和水洗、石灰中和等消除杂质影响的预处理工艺相结合，而成为“中和+球磨”、“水洗+球磨”的预处理工艺。

球磨与石灰中和相结合的工艺，既消除了主要有害杂质的影响，又改善了磷石膏颗粒的结构与级配，可制备优品建筑石膏。当有机物含量不高时，是非水洗预处理工艺的最佳选择。完全有理由推断，水洗与球磨相结合的工艺以及浮选、石灰中和与球磨三结合的预处理，效果会更好，但工艺较复杂，投资较大。

1.2.5 闪烧法

段庆奎和王立明[22]充分利用 P_2O_5 在高温（200~400℃）状态下分解成气体或部分转变成惰性的、稳定的难溶性磷酸类化合物的特点，从而将其对产品性能的危害降低到最低点，使有害物质通过高温分解或转变成惰性物质。少量有机磷经过高温转变成气体排出，无机磷在高温状态下与钙结合成为惰性的焦磷酸钙，从而消除了有机磷和无机磷等杂质对石膏性能的危害，有机物和以 HF 形式存在的可溶性 F^- 会挥发。同时还保证了二水硫酸钙的正常脱水反应。整个工艺流程顺畅、简化，不需要水洗，避免了水污染问题。需要注意，如果直接煅烧的话，在煅烧过程中会有磷酸、氟化物挥发，会污染环境、腐蚀设备，所以煅烧应和石灰中和结合起来，煅烧前将可溶磷、氟转化为难溶物。“闪烧法”生产工艺流程与传统的天然石膏脱水工艺有较大的区别：脱水环境温度不同，传统生产工艺一般在160～200℃，而“闪烧法”要达到400～600℃，与传统方法不同的是“闪烧法”中火焰与磷石膏直接接触。这是目前出现的一种新工艺，整个工艺流程顺畅、简化，不需水洗，避免二次污染。粉尘和挥发的有机磷及硫也得到回收治理。但目前使用该法的处理量还较小。

1.2.6 陈化法

陈化[23,24]是一种简单的处理方法，磷石膏的短期陈化对其使用性能的改善不明显，然而随时间的延长，陈化的效果才可凸显出来，但是它的主要缺点是，在陈化的过程中会对周围的环境造成污染，所以一般不采用。

1.2.7 筛分法

磷石膏的磷、氟、有机物等主要杂质并不是均匀分布在磷石膏中，不同粒度磷石膏的杂质含量存在显著的差异[25,26]。可溶磷、总磷、氟和有机物含量随磷石膏颗粒粒度的增加而增加。磷石膏中杂质的这种分布使筛分提纯磷石膏成为可能。但是筛分只有在当磷石膏中的杂质在某较小范围内含量特别高时，筛分预处理可供选择，且筛分后应针对不同粒度磷石膏的杂质含量分别采用与之相应的预处理方式或资源化方式。而且工艺复杂，投资量高，处理量小。

实际上磷石膏的预处理方式还有很多种，例如柠檬酸处理法，是利用柠檬酸可以把磷、氟等杂质转化为可以水洗的柠檬酸盐、铝酸盐以及铁酸盐，它可以有效地去除磷石膏中的有害成分[27]。但主要是从以上几种原理的基础上发展起来的，如采用水洗+石灰中和，石灰中和+球磨，石灰中和+浮选或煅烧等综合使用的方法。综合使用会增加成本，利用时应从预处理的目的性和经济性两方面考虑。随着人们环保意识的不断增强，综合利用磷石膏日益受到各有关部门的重视，世界各国都投入了大量的人力物力对磷石膏的再资源化进行研究。目前，我国磷石膏的利用率还很低。磷石膏的预处理方法也根据磷石膏成分的不同而不同，但是大多数都存在或多或少的二次污染，而且多数工艺的一次性处理量少，不同的公司根据磷石膏的产地不同所采用的工艺也不同。

1.3 磷石膏的综合利用

1.3.1 磷石膏在水泥工业中的应用

1.3.1.1 磷石膏用作水泥缓凝剂

磷石膏的主要成分是 $CaSO_4 \cdot 2H_2O$。因此，只要具备足够的工艺条件，磷石膏就可代替天然石膏用于水泥生产，但长期以来用磷石膏生产水泥缓凝剂的状况却不尽如人意[28]。原因主要是未经处理的磷石膏直接应用于水泥生产时有以下危害：（1）磷石膏中的可溶 P_2O_5 使磷石膏呈酸性，这就加快了设备的腐蚀；同时由于可溶 P_2O_5 的存在，水泥的凝结速率不正常，造成了快凝和凝结迟缓，还有可能造成水泥强度的降低；（2）磷石膏中的含水量一般为 20% ~30%，这就会造成下料仓的结块、堵塞等；（3）磷石膏中的磷、氟、有机质等杂质，影响水泥的物理性能。其中磷、氟的影响最大，可使水泥的初凝时间后延，强度下降。因此，磷石膏在水泥生产中要得到长足的发展，就必须进行改性[29]。磷石膏的改性可采用添加碱性石灰乳和晶种增强材料等方法，磷石膏的改性主要分为以下的几个方面：（1）消除磷石膏中的水溶磷和其他杂质对水泥凝结速率、强度等物理性能的不良影响，其可溶 P_2O_5 要低于 0.3%、可溶 F 要低于 0.05%；（2）硫酸根含量要恒定；（3）磷石膏不应呈酸性，改性后磷石膏的 pH 值在 6.5 ~7.5 为宜；（4）改性后的磷石膏含水率应较低，以利于水泥生产[30,31]。磷石膏改性的方法主要有：（1）水洗法；（2）煅烧法；（3）化合法；（4）自然陈化法等。磷石膏经石灰乳中和、煅烧、再结晶等改性后，其水溶磷含量、物相组成及溶解性能等均发生了变化。加入晶种增强材料对磷石膏起固化增强作用，而且作为水泥水化晶种，有利于水泥早强。

实验证明，经过改性的磷石膏完全可以代替天然石膏用于水泥生产；把改性磷石膏按水泥配方掺加到水泥中，大量的实验结果表明，采用石灰中和、煅烧、再结晶等方法对磷石膏进行改性后，磷石膏可代替天然石膏用于各种水泥的磨制。用改性磷石膏代替天然石膏磨制硅酸盐水泥和普通水泥时，磷石膏与天然石膏一样，比较明显地延长了两种水泥的凝结时间，特别是对硅酸盐水泥凝结时间的延长作用尤为明显，但对强度的影响不大，而且对早期强度有增进作用[32,33]。磷石膏用于水泥缓凝剂能相应地降低水泥的制造成本。其主要生产流程有日本日产公司流程和德国 Salzgitter 流程。其中日本早在 1958 年就开始利用磷石膏制备水泥缓凝剂。目前，日本的磷石膏有 1/4 ~ 1/3 用于制备水泥缓凝剂。我国也有一些地方建成此设备。

磷石膏作为水泥熟料煅烧过程中的矿化剂、水泥凝固时间的调整剂，其工业生产方法已被大家掌握，且取得了良好的经济效益。水泥颗粒料与水接触，其表面的熟料矿物立即与水发生水化作用，形成水化物并放出热量，同时水泥凝结硬化。水泥的水化主要有以下几个过程[34]：

$$2(3CaO \cdot SiO_2) + 6H_2O \longrightarrow 3CaO \cdot 2SiO_2 \cdot 3H_2O + 3Ca(OH)_2 \tag{1-4}$$

$$2(2CaO \cdot SiO_2) + 4H_2O \longrightarrow 3CaO \cdot 2SiO_2 \cdot 3H_2O + Ca(OH)_2 \tag{1-5}$$

$$3CaO \cdot Al_2O_3 + 6H_2O \longrightarrow 3CaO \cdot Al_2O_3 \cdot 6H_2O \tag{1-6}$$

$$4CaO \cdot Al_2O_3 \cdot Fe_2O_3 + 7H_2O \longrightarrow 3CaO \cdot Al_2O_3 \cdot 6H_2O + CaO \cdot Fe_2O_3 \cdot H_2O \tag{1-7}$$

为了调节水泥的凝结时间，水泥中掺有适量石膏，铝酸三钙和石膏反应生成高硫型水化硫铝酸钙($3CaO \cdot Al_2O_3 \cdot 3CaSO_4 \cdot 31H_2O$)和低硫型水化硫铝酸钙($3CaO \cdot Al_2O_3 \cdot CaSO_4 \cdot 12H_2O$)。生成的水化硫铝酸钙是难溶于水的稳定针状晶体，从而延缓了水泥凝结。其主要反应为

$$3CaO \cdot Al_2O_3 + 25H_2O + 3CaSO_4 \cdot 2H_2O \longrightarrow 3CaO \cdot Al_2O_3 \cdot 3CaSO_4 \cdot 31H_2O \tag{1-8}$$

$$3CaO \cdot Al_2O_3 + 10H_2O + CaSO_4 \cdot 2H_2O \longrightarrow 3CaO \cdot Al_2O_3 \cdot CaSO_4 \cdot 12H_2O \tag{1-9}$$

1.3.1.2 *磷石膏制硫酸联产水泥*

磷石膏用于水泥工业的另一重要途径是制硫酸联产水泥。目前。国际市场硫酸价格持续上涨，对于需求大量硫酸而又缺乏硫资源的磷复肥生产地区来说。以磷石膏制造硫酸的工艺具有客观现实意义和技术可行性。

磷石膏制硫酸联产水泥的基本原理为[35]：磷石膏烘干脱水成半水石膏后与焦炭、黏土等辅料按配比混合、粉磨均匀成生料，生料经预热后加入回转窑中。

$$2CaSO_4 + C \longrightarrow 2CaO + 2SO_2\uparrow + CO_2\uparrow \tag{1-10}$$

生成的 CaO 与物料中的 SiO_2、Al_2O_3、Fe_2O_3 等发生矿化反应生成水泥熟料，熟料与石膏、煤渣等按配比磨制成水泥。

$$12CaO + 2SiO_2 + 2Al_2O_3 + Fe_2O_3 \longrightarrow 3CaO \cdot SiO_2 + 3CaO \cdot Al_2O_3 + 4CaO \cdot Al_2O_3 \cdot Fe_2O_3 \tag{1-11}$$

含 SO_2（质量分数为 8% ~9%）的窑气经电除尘、酸气净化、干燥后在钒催化下经两次转化制得 SO_3，SO_3 被质量分数为 98% 的浓硫酸两次吸收后制得 H_2SO_4。

$$2SO_2 + O_2 \longrightarrow 2SO_3 \tag{1-12}$$

$$SO_3 + H_2O \longrightarrow H_2SO_4 \tag{1-13}$$

该工艺的优点是：（1）磷石膏中的钙和硫得以充分利用；（2）磷石膏被消化而不产生二次废渣；（3）控制好制酸尾气吸

收，可实现尾气达标排放；（4）副产的硫用于硫酸生产，减少了硫酸的外购量和运输量，降低了成本。缺点是生产设备效率低、投资大、能耗高[36]。

最早利用磷石膏制硫酸联产水泥的是奥地利的林茨化学公司。我国现有7套“四六”工程装置。山东鲁北企业集团总公司于2000年底建成一套300kt/a磷酸铵、400kt/a磷石膏制硫酸联产300kt/a水泥的生产线[37,38]。通过“九五”攻关，该集团又完成了创新配套，用生产磷酸铵排放的废渣磷石膏制造硫酸联产水泥，硫酸又返回用于生产磷酸铵，整个生产过程无废物排出，资源在生产过程中得到高效循环利用，形成一个生态产业链，既有效地解决了磷酸铵生产废渣磷石膏堆放占地、污染环境、制约磷复肥工业发展的难题，又开辟了硫酸和水泥生产新的原料途径。云南磷肥厂曾用磷石膏作为原料，年产6万t硫酸联产10万t水泥，但由于云南地区磷矿含硅较高，加上燃料煤质的影响，导致水泥质量不稳定，而且磷石膏中的铁铝过高，窑内结圈严重，不能保证窑的长期稳定运行。还由于磷石膏成分波动太大，工艺条件难以稳定控制，并且由于工程项目的投资大，使得该技术的推广受到了一定限制，因此，磷石膏制硫酸联产水泥的工艺在我国推广较为缓慢，但从资源综合利用和环境保护考虑，无疑是值得大力发展的。

1.3.1.3 生产低碱度水泥[39]

它是以磷石膏、石灰石和矾土为原料，在立窑中烧制的硫铝酸盐水泥熟料，其主要矿物为无水硫铝酸钙（约65%）和硅酸三钙（约25%），外掺磷石膏和石灰石磨制而成。工厂实践表明，该水泥具有早期强度高、硬化快、碱度低、微膨胀等特性，成本低于硅酸盐水泥，用该水泥制造的玻璃纤维增强水泥制品具有重量轻、强度高、韧性好、耐火、耐水、可锯、可钉、不弯曲、不变形等优点，现已广泛用于制造“GRC”轻质多孔板。

1.3.1.4 作为水泥矿化剂[40~43]

在煅烧硅酸盐水泥时加入石膏（以SO_3计为1%~2%）和

CaF_2（0.8% ~1.6%）复合矿化剂可以节省能耗，提高产品产量和质量。少量磷酸盐对水泥熟料烧成起着强烈的矿化作用。而磷石膏是由高度分散的二水石膏、少量 P_2O_5 和 F^- 组成，因此可认为它是一种天然的复合矿化剂。使用天然石膏-萤石复合矿化剂烧制的熟料，在微观结构上的最大缺陷是 C_3S 受液相熔蚀产生分解的现象严重，而加入磷石膏烧出的熟料基本克服了这一缺点。因适当含量的 P_2O_5 具有改善熟料易烧性的强烈矿化作用，它能促进固相反应进行，降低物料共熔温度；少量 P_2O_5 可进入 C_3S 晶格中，使 C_3S 晶格熔入更多的 Al_2O_3、Fe_2O_3、MgO 等，其结果不仅使被置换出来的 SiO_2 与 f-CaO 作用生产更多的 C_3S；且 C_3S 活性愈益增强；P_2O_5 的存在又限制了窑内氯和硫的循环，使大量生产的 C_3S 从液相中结晶出来，防止了 C_3S 分解。但磷石膏掺量必须使熟料中的 P_2O_5 含量在 0.5% 以下，最高不得超过 1%。否则会减弱 C_3S 的水硬性，而且会依次 β-C_2S、α′-C_2S、α-C_2S 形成固溶体，导致 C_3S 分解，引起熟料强度急剧下降。

我国南京钟山水泥厂于 1986 年采用磷石膏配以萤石作为复合矿化剂，磷石膏掺量以 SO_3 计为 1.2% ~1.5%，萤石掺量为 0.3% ~0.5%。经生产实践证明，在工艺条件大致相同的情况下，用磷石膏作为矿化剂可提高产量 0.8 ~1.2t/h，熟料 f-CaO 下降 1.0% ~1.5%，强度较以前提高 5.0MPa，收到良好的经济效益。

1.3.2 磷石膏在化学工业中的应用

1.3.2.1 制硫酸铵[44]

硫酸铵是传统的氮肥，通常的生产方法是用硫酸与氮反应，由于硫酸铵含 21% N 和 24% S，因此十分适应既需要氮又需要硫的土壤和作物。此法基于以下简单的复分解反应，也称磷石膏的转化反应。

$$CaSO_4 + (NH_4)_2CO_3 \longrightarrow (NH_4)_2SO_4 + CaCO_3 \downarrow \quad (1\text{-}14)$$

该法控制的适宜条件大致为：硫酸钙用量为理论用量的105%～110%；碳酸铵溶液中NH_4/CO_2的摩尔比为0.515～0.525；反应温度为55～70℃；反应时间为2～3h，溶液pH值在8～10。磷石膏制硫酸铵在工业上的要求是：要有足够的反应速度和转化率；所得$CaCO_3$的结晶要尽可能粗大、均匀；尽可能获得较浓的硫酸铵溶液以减少蒸发系统能耗。

用磷石膏生产硫酸铵有两种基本工艺：荷兰大陆工程公司的工艺流程是磷石膏洗涤过滤去掉杂质后，将NH_3、CO_2引入带搅拌的反应器中与磷石膏反应。反应后的料浆通过转鼓过滤机过滤而得到固体碳酸钙和硫酸铵溶液，硫酸铵溶液经蒸发浓缩和冷却结晶而得到硫酸铵晶体。整个流程仅由石膏料浆槽、反应器及过滤机三台主要设备组成。

奥地利希亚格公司开发了磷石膏与碳酸铵复分解反应的工艺流程，由于在硫酸铵溶液中碳酸钙溶度积比硫酸钙小很多，所以硫酸钙的平衡转化率可达99.97%。

磷石膏制硫酸铵的主要技术经济问题是硫酸铵的含氮量低，以单位质量的氮计算的生产费用比尿素和硝酸铵要高得多。其次，硫酸铵作为一种氮肥非农民所迫切需要，缺乏市场竞争力。

1.3.2.2 制硫酸钾

用磷石膏生产硫酸钾有一步法和两步法。

A 一步法制取硫酸钾

一步法以磷石膏和KCl为原料，有复盐法和直接法，直接法又有加压法和常压法两种，但在水溶液中磷石膏和氯化钾难以生成硫酸钾。而且产品的质量不太令人满意。张兴法等人[45～48]通过实验证实在反应过程中增加异丙醇可以改善工艺条件并提高产品质量。通过控制适宜的工艺条件，将物料过滤、干燥，得到产品硫酸钾，氧化钾收率达95%左右。将母液蒸发可回收氨和异丙醇，用于循环利用。

B 两步法制取硫酸钾

两步法生产硫酸钾分两步进行，第一步是磷石膏与碳酸氢氨反应生成硫酸铵和碳酸钙，化学反应式如下所示：

$$CaSO_4 \cdot 2H_2O + 2NH_4HCO_3 \longrightarrow CaCO_3\downarrow + (NH_4)_2SO_4 + CO_2\uparrow + 3H_2O \quad (1\text{-}15)$$

第二步是经过滤分离，含硫酸铵的母液与氯化钾反应，在适宜的条件下生成硫酸钾，化学反应式如下所示：

$$2KCl + (NH_4)_2SO_4 \longrightarrow K_2SO_4 + 2NH_4Cl \quad (1\text{-}16)$$

在磷石膏两步法制备硫酸钾的过程中，有碳酸钙副产物产生。碳酸钙是橡胶、塑料行业不可缺少的无机填料，而磷石膏的副产物碳酸钙渣中 $CaCO_3$ 质量分数为 88% ~ 89%，通过利用盐酸浸取碳酸钙渣制备氯化钙，再以碳酸氢氨和氨水为碳化剂，可以提取碳酸钙渣中的 $CaCO_3$，所得 $CaCO_3$ 质量可达一等品。若在碳化反应过程中添加十二烷基苯磺酸钠或其他表面活性剂，控制碳酸钙的颗粒粒径，可生成具有补强作用的超细碳酸钙[48]。但两步法的不足是：（1）生产过程中氨的损失大；（2）碳酸钙晶体细，固液分离困难；（3）K_2SO_4 收率低，只有 70% ~75%，经济性差；（4）间歇操作，设备生产能力低，投资较大。刘晓红等人的研究表明[49]，通过添加有机溶剂、减少氨挥发、低温操作、多釜串联连续反应等措施，可使 K_2SO_4 收率提高到 90%。

1.3.2.3 制硫脲和碳酸钙

用磷石膏制硫脲和碳酸钙的主要工艺分四步：（1）煤与磷石膏在高温下焙烧生成硫化钙；（2）用硫化钙和水、H_2S 进行浸取，浸得 20% 的硫氢化钙溶液；（3）将一部分硫氢化钙溶液通入 CO_2 碳化，得硫化氢和碳酸钙，过滤得轻质碳酸钙，产生的 H_2S 和滤液回到浸取工序；（4）在另一部分硫氢化钙溶液中加入石灰，过滤，滤液冷却结晶合成硫脲。即磷石膏通过焙烧、浸取、置换、合成等工序可得到超细碳酸钙，并可利用多余 H_2S 制取高附加值的硫脲。该工艺可使废石膏中的钙、硫资源得到充分回收，回收率达 95% 以上。

1.3.2.4 利用磷石膏生产元素硫

利用磷石膏生产元素硫对硫资源缺乏的国家和地区具有吸引力。19 世纪 60 年代末，德国建成一套用磷石膏生产元素硫的工业试验装置，70 年代末巴西也开发了类似的生产方法，印度已有两家公司应用了巴西开发的生产方法，建成了中型生产装置。生产在一个密闭的竖直反应窑（炉温 1100～1200℃）中进行，反应时磷石膏中的硫酸钙被还原性强的焦炭或焦炉气首先还原为 SO_2，再进一步还原为元素硫。此法的不足之处是能耗高，因而元素硫的成本也高，由于目前国际市场上石油和天然气的价格偏低，因此相比而言采用此法回收硫很不经济。只有在硫资源十分缺乏的情况下，采用此法才经济可行。

微生物处理法生产元素硫是国外近年来较为关注的一种处理磷石膏的办法。其处理过程是：让带有磷石膏的料浆同微生物在绝氧状态下在熟化槽中反应，微生物通过新陈代谢在废水、污水中生成一系列含有 H_2 和 CO_2 等还原性物质的气体，这些气体可将硫酸盐还原成硫化物。在硫化物生成后，再采用氧化性微生物将硫变为硫单质。据报道，美国佛罗里达磷酸盐研究所已和迈阿密大学联合开发此生物技术，并已取得重大突破，但尚未工业化。

1.3.2.5 提取贵金属和稀土元素

有些学者把某些磷石膏与去离子水等量混合放置 80h，经固液分离，对液相中的成分进行分析发现，pH 值在 4 以下，含有石膏和少量石英、磷矿、长石，同时固相磷石膏中的金属元素含量相对增加，经进一步富集就可回收这些贵金属和稀土元素。例如，波兰学者以科拉磷灰石石膏进行实验，得出用质量分数为 12% 的硫酸溶液处理固相可回收稀土元素，基本回收技术包括三个步骤：用硫酸滤洗固相磷石膏；通过蒸发预浓缩，液-液萃取或沉淀从滤洗液中分离出稀土元素；磷石膏在浓缩的硫酸溶液中重结晶再制成硬石膏。从磷石膏中提取贵金属和稀土元素尚处于科研阶段，不仅存在技术问题，而且对磷石膏种类有严格要求，中小企业不宜采用。

1.3.2.6　在化工原料生产中的其他应用

磷石膏可代替低品位磷矿石，与高品位磷矿混合生产合格的过磷酸钙，其产量可增长约20%，且当矿浆水分过高时，加入磷石膏可调整水分；此外，磷石膏能使过磷酸钙改性，促使过磷酸钙疏松，熟化期缩短。庐江化工集团用磷石膏替代低品位磷矿与高品位磷矿搭配，在6万t/a湿法过磷酸钙装置上使用，生产的成品肥达到国家标准。

湿法磷酸生产时，磷矿石中的镧系元素大量残留在磷石膏中，其含量一般与P_2O_5含量成正比。在常温下，用0.5～1.0mol/L硫酸浸滤磷石膏提取微量镧系元素（固液比为1∶10），回收率约为50%；如果用10%～20%硫酸浸滤，La_2O_3的回收效果将更好，此外，增加浸滤次数也可以提高La_2O_3的回收率。一般1t磷石膏可回收1.03kg的La_2O_3。

1.3.3　磷石膏在建筑方面的应用[50～60]

用磷石膏生产建筑石膏，是目前磷石膏应用中较为成熟的方法，建筑石膏可用来生产粉刷石膏、抹灰石膏、石膏砂浆、各种石膏墙体、天花板、装饰吸声板、石膏砌块以及其他装饰部件等，属于轻质建材，广泛用于高层建筑上。其主要成分为半水硫酸钙$\left(CaSO_4 \cdot \frac{1}{2}H_2O\right)$，是将磷石膏中的二水硫酸钙脱水转化为半水硫酸钙，根据转化条件的不同，可以生成α和β两种不同晶型的转化产物。这些建材产品具有良好的耐火性、绝热性、隔声性、温度调节性，同时易于施工，装饰效果好。建设用磷石膏纸面石板、石膏空心砌块等石膏制品的生产线，投资少、见效快、经济效益好，市场前景广，是磷石膏利用的有效途径。我国于2000年7月对北京、上海、重庆等160个城市颁布了关于《在住宅建设中逐步限时禁止使用实心黏土砖》的通知，利用磷石膏制砖工艺简单、能耗低、投资少，磷石膏的用量大，是磷石膏综合利用的良好途径。

1.3.3.1 石膏板材

早在1931年，日本的日产化学公司就开始利用磷石膏生产石膏板，石膏板是磷石膏的最大用户。就石膏板的成型加工来说，磷石膏与天然石膏是相同的，不同的是制成熟石膏之前磷石膏要预处理。

纸面石膏板是在两层面纸中浇注一层石膏浆，压延成一定厚度，凝结后裁割、烘干而成的板材。目前全世界年消耗量约40亿m^2，是国内外石膏建筑制品中使用面最广、量最大的一个品种。上海博罗建筑材料有限公司采用澳大利亚博罗公司的生产技术和工艺，规模为年产3000万m^2各类纸面石膏板和3万t石膏粉，目前是国内最大的纸面石膏板生产企业。其最大特点是利用磷石膏为原料，无需破碎、粉磨，变废为宝。该公司采用定点供应经过水洗的磷石膏，其$CaSO_4$含量稳定在90%以上，对石膏板质量起到保证作用，且成本低。

干法、半干法生产的石膏纤维板和刨花板是比较节省能源的新工艺。生产工序为将石膏粉、纸纤维或玻璃纤维或刨花等混合均匀后，用风力铺张机铺在不锈钢运输带或平板上，同时喷上一定数量的水和外加剂溶液，经辊压和连续或多层压力机压制成一定厚度的石膏纤维板或刨花板，再经切割、磨光或进一步喷涂成具有良好物理和装饰性能的大板。适用于吊顶、护墙板、天花板、大开间的墙板等，可饰面加工。该新型大板在德国及北欧发展较快，但美国、日本等国家还较少开发该产品。石膏纤维板和刨花板都可使用化工副产石膏，如经过处理的磷石膏制得的建筑石膏。湖北三环公司引进德国克脑夫公司一条石膏纤维板干法生产线；山东苍松建材有限公司引进德国比松公司年产3万m^2的刨花板生产线，都已投产。

我国苏州墙板厂采用石灰中和工艺直接转化磷石膏，方法简单，用pH值在4~5之间控制中和程度，炒制出的熟石膏符合建筑石膏要求，用以生产多孔条板作为内隔墙。自1978年起一直在小型生产线上生产磷石膏多孔条板用于框架轻板建筑体系中。由于工艺简单、能耗低、投资少、收益快，因此可大量用以处理磷石膏。

磷石膏还可用于生产陶瓷饰面板，先将石膏在500～520℃下煅烧，细磨后以一定比例与碎玻璃粉末或高炉矿渣混合，也可加入少量烧结添加剂，用半干法成形、涂釉，在800～1100℃烧成。同普通陶瓷饰面板比较，该陶瓷饰面板具有高的线［膨］胀系数，耐冻性好，而且能够用生产陶瓷饰面板的生产线进行成批工业性生产。

1.3.3.2 石膏砌块

石膏砌块是一种用于非承重墙体的轻质建筑构件，以天然石膏或化工副产石膏（如磷石膏）脱水制得的建筑石膏为主要原料。在生产中根据性能要求可掺纤维、轻集料、发泡剂等外加剂辅助原料。生产时一般采用金属立模浇注、顶升成形，制造精度高、表面光洁平整、施工方便。我国吸收德国技术，已开发研制出类似集装箱式的石膏砌块机组。法国是生产石膏砌块最多的国家，德国的石膏砌块约1/4用化工副产石膏生产。芬兰、奥地利、前苏联、罗马尼亚等国也都纷纷采用化工副产石膏生产砌块。我国目前用磷石膏生产砌块的企业很少（南京石膏板厂用磷石膏生产多孔砌块，但1992年停产），但用磷石膏生产熟石膏技术取得突破后，石膏砌块因为石膏耗量特别大无疑将成为重要发展产品。

1.3.3.3 蒸压磷石膏砖

四川省建材工业科研所研制成功蒸压磷石膏砖。制造方法是将磷石膏直接中和除酸后制成砖坯，再进行脱模蒸压处理，出釜冷却后即成为产品。该工艺能大量利用磷石膏，其原理是用含适宜水分的二水石膏成形后，在密闭条件下加热，使结晶水只离开晶格位置，蒸压后，胚体内的水再与硫酸钙分子重新结合成二水石膏。因此其能耗比制备熟石膏低，并且磷石膏砖不需人工干燥，表面也不粉化，工艺简单可靠，具有良好的推广前景。

1.3.3.4 石膏陶瓷

前苏联利用磷石膏作原料生产出微带灰色的玫瑰红色装饰材料，称为“石膏陶瓷”。它是以磷石膏为基料，掺入适量氧化钙、氟硅酸钠等材料，在800～900℃下烧结而成：抗压强度达120MPa，抗弯强度达30MPa，吸水率小于1%。该材料在结构上与天然大理石相似，若在配料中掺入占总量0.11%～0.2%的氧化铁、氧化铬等无机颜料，可制成多彩的装饰制品。该材料在黏土陶瓷厂不增添设备的情况下就可生产，且产品质量好，成本低，能耗少。

1.3.4 磷石膏在其他领域中的应用

1.3.4.1 土壤改良

磷石膏的pH值一般在1～4.5，而且含有作物生长所需的重要养分磷、硫、钙、硅、镁、铁等，因此，磷石膏可以代替天然石膏改良土壤理化性状及微生物活动条件。在盐碱土连续施用磷石膏改善土壤的理化性状，表现为盐碱土壤可溶盐组分发生变化，pH值、代换性钠和碱化度下降，在利用磷石膏改良盐碱土一年后，土壤中磷素指标均有显著提高。磷石膏作为基肥在酸性黄壤施用能提高土壤的pH值，降低土壤的水解酸浓度。

在美国和澳大利亚的试验表明，磷石膏可改良盐碱地，其作为土壤调理剂与碱性土壤中的可溶性盐反应生成不溶性盐和中性盐，可以抵消盐碱土中钠离子的不良作用，改善黏土的渗透性和降低土壤碱度，使土壤易于耕作。

我国采用天然土壤改良剂有较长的历史，利用磷石膏作为土壤改良剂更有特殊的意义和作用，其用量大，投资少，收益显著，可以为磷肥生产排出的大量磷石膏寻找出路。贵州省在1999～2001年利用磷石膏进行改土增产示范，取得了明显的效益[61]。另外，在磷石膏中掺入少量微量元素后包装出厂可作为蘑菇基肥。

1.3.4.2 用于公路建设

利用磷石膏与水泥配合加固软土地基，不仅可以节省大量水泥、降低固化剂成本，而且加固土的抗压强度得到大幅度提高；对于有机质含量比较高的淮泥炭，磷石膏的作用优于粉煤灰；磷石膏膨胀率小、水稳性好，同时经承载比试验，强度平均值为914kPa，满足 JTJ 003—1995 对路基填料 CBR 大于 914kPa 的要求。磷石膏在路基工程中的压实达到规范要求时，路基回弹模量高达 180MPa，远大于 JTJ 014—1997 和 JTJ 012—1994 对路基回弹模量大于 30MPa 的要求。在二灰混合料中加入适量的磷石膏能起到增强、密实的作用，促进早期强度的提高。实验表明磷石膏的路用性能良好，按照既定的施工工艺进行施工的路堤能经受车辆承载、气候变化等各种因素的作用。另外，由于环境压力和地价上涨，美国研究将适量的磷石膏用于混凝土和建筑构件。研究表明，磷石膏的引入并不影响抗压强度。比利时也研究用磷石膏作为道路基础施工的填筑材料（代替砂砾），但不得用于 500 ~800mm 的上层路面：法国某些地区已成功地将 91% 粉煤灰、4% 生石灰、5% 磷石膏混合物用于道路工程。

1.3.4.3　用于工业填料

预处理后的磷石膏可用作各种工业填料，尤其是造纸填料，如芬兰 Kpmira 公司；上海房屋管理科研所利用磷石膏和废旧回收的 PVC 为主要原料，采用压制成形工艺，经双辊炼塑、拉片拉花、切割热压等工序研制成功再生塑料地板，产品性能良好；法国 CDF 化学公司将其用作干燥剂吸收各种液体和有机化合物；也可作为铸造模具及玻璃工业的抛光材料。

1.3.4.4　生产乳浊玻璃

前苏联用磷石膏代替 $CaCO_3$，制乳浊玻璃，方法是将磷石膏、碳酸钠、无水硅酸放入硅碳棒电炉中在 1450℃ 熔炼 2h，冷却后可制得玻璃。此高钙玻璃具有很好的熔化和成形性能，化学稳定性好。

1.4　问题的提出

传统的磷石膏提硫制水泥是由中空长窑来完成（见图 1-1），

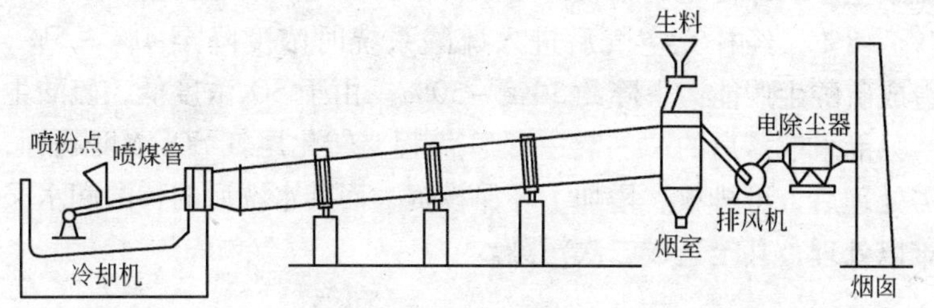

图 1-1　传统中空长窑流程示意图

包含原料均化、烘干脱水、生料制备、熟料烧成、窑气制酸和水泥磨制 6 个工序过程。但是磷石膏提硫联产水泥技术至今未能大规模推广和开发建设，究其原因，主要是由于以下几个方面的问题。

1.4.1　熟料的烧成问题

水泥生产技术落后、生产能力低、热耗高、水泥标号低且不稳定，磷石膏在高温状态下的粘结、结皮以致堵塞是阻碍其发展的第一类问题。

从国内外建成并停止生产的实际情况看，磷石膏制水泥生产中熟料烧成存在的问题是：（1）物料容易在烧窑内结圈、结球、粘结以致堵塞，致使窑的通风明显恶化。使燃料煤燃烧不完全，产量大幅度下降甚至停窑处理，严重影响整个系统连续、稳定的正常生产；（2）熟料安定性不良（即熟料出现急凝或者水泥硬化时体积变化的均匀性差）、熟料标号低或是废品；（3）中空回转窑技术落后，单位窑产量低、能耗高。

1.4.2　烟气中 SO_2 的回收问题

烟气中 SO_2 的浓度低、硫酸生产技术落后、生产能力低和二次污染等是阻碍其发展的第二类问题。磷石膏制硫酸生产中，由于分解不充分等原因，会降低 SO_2 的浓度，增加系统阻力，影响硫酸生产。即使是利用较好的原料，出窑尾气 SO_2 浓度一般只有 7% ~8%，经补充空气后进入硫酸系统时浓度降至 4% ~5%，造成硫酸生产能力下降约 30% ~50%。由于 SO_2 浓度低，硫酸生产只能采取落后的“一转一吸”流程，转化尾气 SO_2 浓度超标，需处理后方可排放，增加了环保投资，而其水洗后的稀酸和水又难以处理，甚至造成二次污染。

1.4.3 推广应用问题

由于技术方面的问题，国内绝大多数磷肥厂既想应用该工艺处理和综合利用副产的磷石膏，又无可奈何，这成为该技术无法大规模推广和应用的第三类问题。

基于上述问题，现在的生产装置仅能利用有限的磷矿的磷石膏来制酸和水泥，而大部分磷矿的磷石膏未能得到利用。全国绝大多数磷肥厂的磷石膏均难达到磷石膏制硫酸联产水泥的质量要求，未能综合利用，故目前仍为堆存处理。全国有八大磷矿基地供矿，在目前的磷肥生产技术下，绝大多数难以产生可直接综合利用的合格磷石膏。

1.4.4 理论完善问题

尽管目前国内建成了一些磷石膏提硫和制水泥装置，除了调配利用较好的磷矿石原料或添加天然石膏外，技术上主要是依靠不断摸索积累、反复试制形成的，缺乏在理论上系统地研究和指导，特别是在反应机理上和技术原料路线方面缺乏深入探讨，更缺乏一套完整和系统的理论，这就需要研究工作者不断地对其进行完善和总结。

针对目前磷石膏利用中出现的问题，提出改变传统工艺中磷石膏的分解反应器以及磷石膏还原分解的还原剂。即把生料的分解反应在循环流化床反应器中完成，和利用高硫煤作为还原剂。利用高硫煤还原分解磷石膏不但可以提高烟气中的 SO_2 浓度，而且可以大幅度提高产量，降低热耗，稳定操作。

1.5 云南省磷石膏现状

磷化工是云、贵、川、鄂等省的重要支柱产业，随着我国现代农业的发展，磷复肥需求的增长，硫酸的需求量急速增加。我国磷肥产量目前仅次于美国，随着一些大型磷复肥基地的建成，磷肥产量将跃居世界第一。生产高浓度磷肥（如磷酸铵、重过磷酸钙等）需要大量湿法磷酸，将生产排放出大量的磷石膏废渣。目前全世界磷石膏每年排放量达 2 亿多吨，我国磷石膏排放量超过 3000 万 t/a。云南省是我国磷化工基地，四个大型磷化工厂磷酸产量达到 110 万 t/a，磷石膏排放量达到 550 万 t/a，历年磷石膏堆存量超过 2000 万 t。如果云南磷复肥工业基地 240 万 t/a 磷酸二铵全面建成投产，仅云南磷石膏排放量就超过 1000 万 t/a。

为全面提升云南省磷化工产品的市场竞争能力，更好地发挥云南省磷资源优势，培育出国内外实力一流的磷化工集团，全省的主要磷矿资源和大型磷肥、磷化工企业资产进行了整合重组，合称云天化集团（云天化集团湿法磷酸产量占全省的 85%，该集团磷石膏状况代表了云南省磷石膏状况）。至 2005 年底，云天化集团高浓度磷复肥生产能力位居亚洲首位，世界第三；黄磷生产能力居全国首位；磷矿采选能力居全国首位。“十一五”期间，云南将建成我国最大的磷化工基地。

云天化集团磷肥企业在湿法磷酸生产过程中要产生大量的磷石膏，处置不当会造成环境污染，磷石膏的处理、处置及综合利用已成为制约云南磷化工发展的一个难题。同时磷石膏具有很大的潜在开发价值，因为：（1）用磷石膏提硫不需要建矿山，又解决了湿法磷肥的环境污染问题；做到了变废为宝，以肥养肥，可谓一举多得；（2）磷石膏原料供给稳定，目前云南省每年可提供磷石膏近 660 万 t；（3）磷石膏提硫符合国家废渣综合利用政策，用量已超过 30%，按云国税增字〔1995〕24 号文，产品可免征增值税；（4）随着水电的快速发展，2008 年后云南省电力供应将出现供大于求，此项目符合省经贸委发展高耗能业的要求。

随着云天化集团高浓度磷复肥产能的快速增长，副产磷石膏数量巨大、高度集中，堆置对环境的影响日益突出，同时也使得对磷石膏的资源化开发利用成为可能。对磷石膏资源的合理开发利用，有利于云南省磷肥企业的可持续发展，对建设节约型社会、发展循环经济具有重要的现实意义。对云天化集团磷石膏现状的调查，为磷石膏无害化处理及资源化利用提供了决策依据。

1.5.1　云天化集团磷石膏产能状况

云天化集团磷石膏产能情况见表1-6。由表1-6可见，云天化集团2006年磷石膏产能达到800万t；在2007年三环、富瑞公司二期工程投产后，磷石膏产能将达到1250万t/a。

表1-6　云天化集团各磷肥企业磷石膏产能

序号	磷肥企业名称	磷石膏（干基）产能/万 $t \cdot a^{-1}$		备　注
		2006年	二期工程后	
1	三环公司	250	550	二期工程2007年1月投产
2	富瑞公司	200	350	二期工程2007年7月投产
3	红磷公司	100	100	
4	云峰公司	140	140	
5	天湖公司	110	110	
	合　计	800	1250	

注：云天化集团公司“十一五”发展规划：2010年全集团湿法磷酸（P_2O_5）产能达到330万t，届时全集团磷石膏产能将达到约1650万t/a。

1.5.2　云天化集团磷石膏堆存状况

云天化集团磷石膏堆存数量及渣场容量状况见表1-7。

由表1-7可见，到2006年底云天化集团磷石膏堆存总量将达到3678.2万t；三环、富瑞公司二期工程达产后，堆存总量每年将增加1215万t。

表 1-7　云天化集团公司磷石膏堆存状况

序号	磷肥企业名称	磷石膏（干基）堆存量/万 t					渣场服务年限
		老渣场（干排渣）		新渣场（湿排渣）			
		总容量	2005 年	总容量	2006 年底	年增加堆存量	
1	三环公司	1300	1080	6440	255	（550）	以 2007 年起计，新渣场剩余服务年限约为 11.3 年
2	富瑞公司			2801	390	（350）	以 2007 年起计，新渣场剩余服务年限约为 7.2 年
3	红磷公司	1000	900	2000	100	100	以 2007 年起计，渣场剩余服务年限约为 20 年
4	云峰公司	463	278.2	1127	320	110	以 2007 年起计，新渣场剩余服务年限约为 7.3 年
5	天湖公司	361.4	250			105	以 2006 年起计，新渣场剩余服务年限约为 1 年
	合　计		2508.2		1065	（1215）	

注：括号内数字为二期工程投产后年增加堆存量。

以 2007 年计，各磷肥企业渣场服务年限，最长 20 年（红磷公司）；最短 0 年（已堆满）（天湖公司），平均 9.2 年。

1.5.3　云天化集团磷石膏的主要化学组成及有害元素含量

在取样分析中发现，磷石膏在湿排过程中其粒径会自然分级，粗颗粒（高硅组分）集中在上部，细颗粒沉在下部，在湿排渣场小规模取样，很难做到样品粗细颗粒的均匀，所以取样不具代表性；干渣场磷石膏和新鲜磷石膏的粗细颗粒混合是均匀的，组成较为稳定。云天化集团新鲜磷石膏主要化学组成及有害元素含量见表 1-8 和表 1-9。

表 1-8　云天化集团各磷肥企业新鲜磷石膏（干基）主要化学成分（质量分数）　%

序号	磷肥企业	CaO	$SO_{3总}$	SiO_2	Al_2O_3	Fe_2O_3	MgO	$P_2O_{5总}$	水溶 P_2O_5	$F_总$	$F_{水溶}$	Na_2O	K_2O	MnO	结晶 H_2O	酸不溶物
1	三环公司	29. 36	39. 36	9. 45	0. 133	0. 082	0. 020	1. 41	0. 30	0. 26	0. 11	0. 032	0. 099	0. 0027	16. 55	13. 15
2	富瑞公司	28. 52	39. 92	12. 10	0. 312	0. 132	0. 055	1. 17	0. 87	0. 52	0. 12	0. 067	0. 140	0. 0026	17. 24	12. 50
3	红磷 1 号	28. 92	40. 51	10. 56	0. 197	0. 140	0. 040	0. 99	0. 89	0. 28	0. 22	0. 039	0. 140	0. 0021	17. 56	11. 73
4	红磷 2 号	28. 92	41. 25	8. 68	0. 223	0. 179	0. 033	0. 89	0. 48	0. 29	0. 14	0. 026	0. 084	0. 0023	17. 52	11. 47
5	云峰公司	28. 77	40. 20	11. 01	0. 214	0. 124	0. 035	0. 88	0. 51	0. 57	0. 071	0. 042	0. 084	0. 0045	17. 74	11. 68
6	天湖公司	29. 12	40. 18	11. 53	0. 183	0. 116	0. 040	1. 49	1. 14	0. 41	0. 31	0. 027	0. 088	0. 0035	17. 11	12. 27
	平　均	28. 94	40. 24	10. 56	0. 21	0. 129	0. 037	1. 14	0. 70	0. 388	0. 162	0. 039	0. 106	0. 0030	17. 29	12. 13

注：红磷 1 号为半水-二水工艺新鲜磷石膏；红磷 2 号为二水工艺新鲜磷石膏。

表 1-9　新鲜磷石膏（干基）主要有害元素含量（质量分数）　%

序号	磷肥企业	Cd	Pb	Cr	As	Hg
1	三环公司	0.000014	0.0056	0.013	0.00013	0.000017
2	富瑞公司	未检出	0.0017	0.035	0.00016	0.000016
3	红磷公司(1 号工艺)	未检出	0.0087	0.033	0.00022	0.000014
4	红磷公司(2 号工艺)	未检出	0.0091	0.035	0.00011	0.000016
5	云峰公司	0.000070	0.013	0.043	0.000014	0.000013
6	天湖公司	未检出	0.0047	0.037	0.00010	0.000018

经分析，对各磷肥企业新鲜磷石膏（干基）的代表性化学成分有以下结论：

（1）$CaSO_4$含量在67% ~70%之间，平均68.26%；

（2）SiO_2含量在8.68% ~12.10%之间，平均10.56%；

（3）总P_2O_5含量在0.88% ~1.49%之间，平均1.14%；水溶P_2O_5含量最低的是三环公司，为0.3%，平均0.7%；

（4）总F含量在0.26% ~0.57%之间，平均0.388%；水溶F含量最低的是云峰公司，为0.071%，平均0.162%；

（5）云南磷石膏中重金属镉（Cd）的含量非常低，镉污染对其在农业方面的应用影响较小。

1.5.4　云天化集团磷石膏的放射性特点

对照GB 6566—2001《建筑材料放射性核素限量》的规定，云天化集团各磷肥企业新鲜磷石膏的天然放射性核素镭-226、钍-232、钾-40的放射性均同时满足$I_{Ra}<1.0$和$I_r<1.0$，在用于建筑主体材料（水泥、砖、砌块等）时，其产销与使用范围不受限制。

云天化集团各磷肥企业新鲜磷石膏的天然放射性核素镭-226、钍-232、钾-40的放射性均同时满足$I_{Ra}<1.0$和$I_r<1.3$，在用于建筑装饰材料（石膏制品、吊顶材料、粉刷材料及饰面

材料等）时，可满足A类装饰材料的要求，其产销与使用范围不受限制。国内各磷肥企业新鲜磷石膏放射性分析结果见表1-10。

表1-10　各磷肥企业新鲜磷石膏放射性分析结果

序号	企业名称	放射性比活度/Bq·kg^{-1}			内照射指数I_{Ra}	外照射指数I_r
		镭-226C_{Ra}	钍-232C_{Th}	钾-40C_K		
1	三环公司	70.53	0.33	11.57	0.4	0.2
2	富瑞公司	88.31	0.33	92.68	0.4	0.3
3	红磷公司(1号工艺)	80.06	0.33	48.64	0.4	0.2
4	红磷公司(2号工艺)	82.13	0.33	47.90	0.4	0.2
5	云峰公司	93.90	0.33	11.57	0.5	0.3
6	天湖公司	99.24	0.33	53.07	0.5	0.3
	平　均	85.70	0.33	44.24	0.43	0.25

注：红磷1号为半水-二水工艺新鲜磷石膏；红磷2号为二水工艺新鲜磷石膏。

1.5.5　磷石膏堆置对环境影响的鉴别

1.5.5.1　各磷肥企业新鲜磷石膏

各磷肥企业新鲜磷石膏浸出液特性见表1-11。从表中可知，各磷肥企业新鲜磷石膏浸出液中无机氟化物（以F计）含量最低的为70.68mg/L（云峰公司），但均大于50mg/L，按照危险废物鉴别标准（GB 5085—1996）的规定，各磷肥企业新鲜磷石膏均属具有浸出毒性的固体危险废物。各磷石膏浸出液pH值大于2，腐蚀性超标。

表1-11　各磷肥企业新鲜磷石膏浸出液特性

序号	新鲜磷石膏名称	污染物或危害物测定指标					
		磷酸盐(P)/mg·L^{-1}		氟化物(F)/mg·L^{-1}		腐蚀性(pH值)	
		实测值	限值	实测值	限值	实测值	限值
1	三环公司	130.99	≤50	105.38	≤50	3.10	<2
2	富瑞公司	379.86	≤50	428.89	≤50	2.70	<2

续表 1-11

序号	新鲜磷石膏名称	污染物或危害物测定指标					
		磷酸盐(P)/mg·L^{-1}		氟化物(F)/mg·L^{-1}		腐蚀性(pH 值)	
		实测值	限值	实测值	限值	实测值	限值
3	红磷 1 号	388.59	≤50	221.95	≤50	2.62	<2
4	红磷 2 号	209.58	≤50	143.04	≤50	2.90	<2
5	云峰公司	222.68	≤50	70.68	≤50	2.65	<2
6	天湖公司	497.75	≤50	305.50	≤50	2.59	<2
	平　均	304.90	≤50	212.57	≤50	2.76	<2

注：按 GB 5086 规定方法进行浸出试验而获得的浸出液。红磷 1 号为半水-二水工艺新鲜磷石膏；红磷 2 号为二水工艺新鲜磷石膏。

对照《污水综合排放标准》（GB 8978—1996）和磷肥工业水污染物排放标准（大型三级），各磷肥企业新鲜磷石膏浸出液中磷酸盐（以 P 计）含量高于 50mg/L；氟化物（以 F 计）含量大于 30mg/L，均超过最高允许排放浓度。

1.5.5.2　各磷肥企业渣场磷石膏

各磷肥企业渣场磷石膏浸出液特性见表 1-12。由表 1-12 可知，各磷肥企业渣场磷石膏浸出液中无机氟化物（以 F 计）质量浓度最低的为 42.05mg/L（云峰公司），除此以外，其他公司均高于 50mg/L，按照《危险废物鉴别标准》（GB 5085—1996）的规定，各磷肥企业（除云峰公司外）渣场磷石膏均属具有浸出毒性的固体危险废物。各渣场磷石膏浸出液 pH 值大于 2，腐蚀性超标。

表 1-12　各磷肥企业渣场磷石膏浸出液特性

序号	渣场磷石膏名称	污染物或危害物测定指标					
		磷酸盐(P)/mg·L^{-1}		氟化物(F)/mg·L^{-1}		腐蚀性(pH 值)	
		实测值	限值	实测值	限值	实测值	限值
1	三环公司老渣场	327.46	≤50	123.63	≤50	2.83	<2
2	三环公司新渣场	161.55	≤50	89.82	≤50	3.14	<2

续表 1-12

序号	渣场磷石膏名称	污染物或危害物测定指标					
		磷酸盐(P)/mg·L^{-1}		氟化物(F)/mg·L^{-1}		腐蚀性(pH 值)	
		实测值	限值	实测值	限值	实测值	限值
3	富瑞公司新渣场	205.21	≤50	119.48	≤50	3.11	<2
4	红磷公司老渣场	100.42	≤50	51.35	≤50	3.72	<2
5	红磷公司新渣场	113.52	≤50	53.44	≤50	3.83	<2
6	云峰公司新渣场	349.29	≤50	42.05	≤50	2.81	<2
7	天湖公司渣场	336.20	≤50	89.82	≤50	2.80	<2
	平　均	227.67	≤50	81.37	≤50	3.18	<2

注：按 GB 5086 规定方法进行浸出试验而获得的浸出液进行测定。

对照《污水综合排放标准》（GB 8978—1996）和磷肥工业水污染物排放标准（大型三级），各磷肥企业新鲜磷石膏浸出液中磷酸盐（以 P 计）质量浓度大于 50mg/L；氟化物（以 F 计）质量浓度大于 30mg/L，均超过最高允许排放浓度。

按照《危险废物鉴别标准》（GB 5085—1996），云峰公司渣场磷石膏浸出液中无机氟化物（以 F 计）质量浓度低于 50mg/L，浸出液 pH 值大于 2，不属于危险废物（由于取样不够广泛，该结论有待进一步核实）。按照《一般工业固体废物贮存、处置场控制标准》（GB 18599—2001）的规定，云峰公司渣场磷石膏属于第Ⅱ类一般工业固体废物。

1.5.5.3　各磷肥企业湿排渣场回水的特性

各磷肥企业湿排渣场回水的特性分析见表 1-13。在磷石膏湿排工艺中，渣场分离水、渗滤水均收集于回水库中，对环境影响的风险集中于回水库。由表 1-13 可见，各磷肥企业渣坝回水的氟化物质量浓度均大于 50mg/L，平均超标 150 余倍；pH 值不大于2；磷酸盐（以P计）质量浓度大于50mg/L，其特性指标均超过危险废物和允许排放国家标准（GB 5085—1996）的限值，如果发生泄漏或渗漏都会对环境造成污染和危害。

表1-13　各磷肥企业湿排渣场回水库中回水的特性

序号	渣场回水名称	污染物或危害物测定指标			
		磷酸盐		氟化物	腐蚀性
		(P)/mg·L⁻¹	P_2O_5	(F) /mg·L⁻¹	(pH值)
1	三环公司新渣场	5064.79	1.16	3400	2.01
2	富瑞公司新渣场	10042.26	1.96	12100	1.40
3	红磷公司新渣场	1790.14	2.30	1200	1.97
4	云峰公司新渣场	8557.75	0.41	13600	1.50
	平　均	6363.73	1.46	7575	1.72

注：取回水库中澄清水测定。

国家环保总局2006年初排查小组到三环公司和富瑞公司排查采用的数据是企业取自磷石膏渣场回水的例行分析数据，这次排查超标的数据是国家危险废物鉴别标准中控制的pH值和无机氟化物浸出质量浓度（不包括氟化钙）两项指标，即pH值不大于2.0，无机氟化物浸出质量浓度（不包括氟化钙）不大于50mg/L。国家环保总局将磷石膏渣定义为危险废物就是根据磷石膏渣坝回水中的上述两项危害特性指标超标确定的，因为它们能反映磷石膏浸出液的情况。

1.5.6　云天化集团磷石膏排渣状况

云天化集团五大磷肥企业中，除天湖公司仍采用干法排渣外，其余均改为湿法排渣。

湿法排渣，避免了在干法排渣运输过程中的二次污染，有利于实现磷酸的清洁生产，湿法渣场实际上已成为磷酸装置的一部分。各磷肥企业湿排渣场的分离水、渗滤水均收集于回水库中，全部返回磷酸车间循环使用，实现了回水中磷、氟的回收。各磷肥企业湿排工艺基本相同，湿排工艺流程如图 1-2 所示。

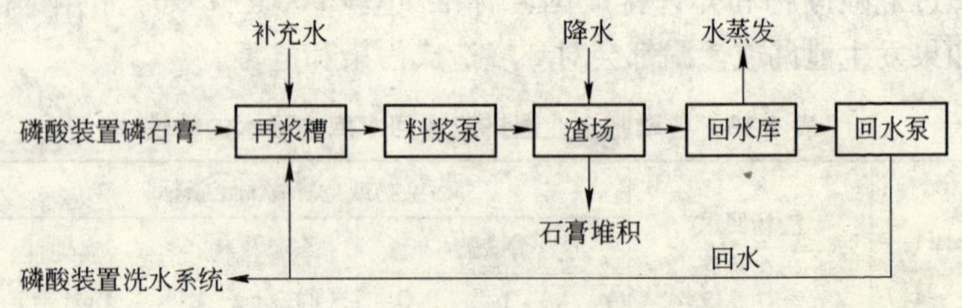

图 1-2　磷石膏湿排工艺流程图

1.5.7　云天化集团磷石膏利用现状

1989～1992 年，三环公司在利用磷石膏制硫酸和水泥的工业试验中耗用磷石膏 10.9 万 t。

2003 年以前，云峰公司把老渣场磷石膏用于当地农田改土上，总用量 12 万 t。红磷公司在 2006 年以前，每年利用磷石膏 4500t 作为普钙生产的添加剂。除上述利用外，整个集团的磷石膏未作他用。

1.6　研究的目的和意义

利用磷石膏提硫联产水泥是磷石膏利用的主要方向，但目前采用的磷石膏回转窑分解技术落后、能耗高、磷石膏分解率低导致烟气中 SO_2 的体积分数低、水泥熟料品质不稳定等技术问题，难以推广应用[63]。本项目针对目前磷石膏分解提硫联产水泥技术存在的主要问题以及一些固体废物与黄磷尾气的研究综合利用问题，提出以循环流化床（Circulating Fludized Bed，简称 CFB）作为反应器，用黄磷尾气或高硫煤代替焦炭还原分解磷石膏提硫联产水泥新技术，充分利用磷石膏中的潜在硫资源，缓解我国硫资源短缺的现状，解决磷石膏污染问题。该技术具有工艺简洁、能耗低、生产成本低、产品质量好等特点，可为我国磷石膏无害化和资源化提供关键技术支撑。同时许多业内专家认为，磷石膏的分解设备若采用 CFB 反应器，可解决磷石膏分解设备落后、工艺复杂、能耗高、经济上不合理问题，同时可以保证磷石膏的充分分解，得到高的分解率与脱硫率，以及设备的正常运行。随着 CFB 技术的成熟，其在石油、化工、冶金、能源等领域获得了广泛的应用，为 CFB 技术运用于磷石膏分解脱硫奠定了坚实的技术基础。

我国是一个硫资源缺乏，但煤资源丰富的国家，我国一方面每年进口硫磺 5 万 t，硫资源对外的依存度超过了 50%。另一方面又禁止高硫煤（含硫量不低于 3%）的开采，以满足《两控区酸雨和二氧化硫污染防治“十五”计划》。我国高硫煤的预测总量和探明储量分别是 4260 亿 t 和 620 亿 t，其开发利用也是摆在我们面前的问题。因此利用高硫煤在循环流化床中还原分解磷石膏是一个可以大规模回收利用磷石膏和高硫煤中硫资源的方向。

2006 年 5 月，国家环保总局在“环函〔2006〕176 号文”中将磷石膏定性为危险废物。目前全世界磷石膏的排放量已达每年 2 亿多吨，我国磷石膏排放量已达 3000 万 t/a，其中仅云南省就达 1000 万 t/a。磷石膏堆放不仅占用大量土地，而且由于磷石膏经雨水浸泡，其中的可溶性 P_2O_5 和氟化物等有害物质通过水体向周围环境传递，引起土壤、水系、大气的严重污染。因此，磷石膏无害化处理及综合利用成为固体废物处理处置与资源化领域的研究热点，也是磷化工持续发展的迫切需要。由于磷石膏被列为危险固体废物，直接作为石膏板等建材及其他方面的使用已受到市场限制。

利用循环流化床反应器分解磷石膏技术同时还可以解决现行钙法烟气脱硫副产物和冶炼厂处理污酸产生的废渣，以及其他生产中产生的废石膏渣资源化利用问题。在循环流化床中利用黄磷尾气或高硫煤还原分解磷石膏，目前国内外还没有这方面的研究报道。

以云南省为例，每年磷石膏产生量约为 1000 万 t，云天化集团“十一五”规划磷石膏的综合利用率要达到30%，按每年磷石膏处理量300万t计算，若采用本技术每年可以生产硫酸180万t、水泥熟料110万t，按每吨硫酸350元、每吨水泥熟料200元计算，本项目若能推广可产生年产值约8.5亿元。这一技术的形成将改变传统产业消耗资源、制造产品、排出废物的线性生产模式，实现经济效益、社会效益和环境效益的统一，满足湿法磷酸企业钙、硫资源循环利用的需要，构建如图1-3所示的湿法磷酸企业循环经济产业链，对磷肥工业发展意义深远。

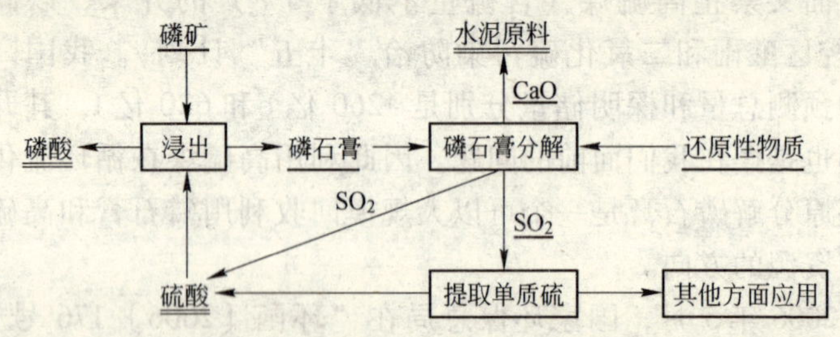

图1-3　湿法磷酸企业循环经济产业链

1.7　研究的内容及技术路线

研究的主要内容有：

（1）对云南省磷石膏的产生、堆存及资源化利用进行分析研究；

（2）对黄磷尾气与高硫煤还原分解磷石膏的热力学数据和平衡组成进行计算和分析；

（3）分析并比较磷石膏与纯石膏的分解动力学；

（4）研究黄磷尾气、高硫煤还原分解磷石膏的分解率、脱硫率及SO_2浓度的影响因素及规律；

（5）循环流化床分解磷石膏的冷态实验及数值模拟研究；

（6）生物质热解气选择性催化还原分解磷石膏所产生烟气中SO_2的研究。

2 还原分解磷石膏的热力学研究

反应发生的热力学研究是非常重要的，它分析了反应发生的可能性。只有通过进行热力学计算，得出该反应发生的可能性，然后才可能研究反应进行的速度，在热力学上不可能进行的反应，在动力学上是绝对不可能发生的。所以热力学研究是反应进行的基础。本书中还原分解磷石膏的热力学研究是利用 HSC 化学计算软件进行的。HSC 化学计算软件被设计用来计算各种化学反应和平衡计算，目前的版本有 14 项功能，我们只用其计算热力学数据和平衡组成的功能，描述的是某一温度时，系统达到平衡状态时的物质组成和热力学数据。这个理论计算模型假设：(1) 系统输入物质包含的所有元素都是完全混合，并且 (2) 在反应中可以达到平衡状态。为了简化平衡计算，我们只考虑了比较常见的和最可能产生的几种物质形态。

2.1 黄磷尾气还原分解磷石膏的热力学研究

2.1.1 黄磷尾气成分分析及利用现状

目前磷酸生产方法主要分为火法磷酸与湿法磷酸，黄磷尾气是火法磷酸生产过程中产生的废气，磷石膏则是湿法磷酸生产过程中产生的废渣。

黄磷尾气是一种十分宝贵的二次资源，其主要成分见表2-1。由表 2-1 可知，黄磷尾气中 CO 的浓度高达 85% 以上，完全可作为优质燃料和碳一化工产品的原料气使用[64,65]。但黄磷尾气含有 P、S 等有害杂质，会引起各种工业催化剂，特别是钯、铑、钌等贵金属催化剂中毒失活。黄磷尾气中存在的 P_4、PH_3、H_2S

三种杂质的去除十分困难。一般的净化工艺只能达到 100 ~ 300 mg/m^3（标态）的净化水平，黄磷尾气的深度净化成为长期以来制约黄磷尾气回收与综合利用的瓶颈问题[66]。由于现有技术对 P_4、PH_3、H_2S 的净化效率低，大量黄磷尾气既不能用作锅炉燃料，更远远不能达到碳一化工产品合成气的要求，只能部分（约 20%）作为原料烘干使用，大部分气体点火放散。燃烧后的气体直接排入大气，造成极大的资源浪费和环境污染[67]。

表 2-1　典型黄磷尾气成分

成　分	含量（体积分数）/%	成　分	含量（体积分数）/%
CO	85 ~ 95	N_2	2 ~ 5
CO_2	1 ~ 4	H_2O	约 5
O_2	约 5	H_2S（标态）/mg · m^{-3}	800 ~ 3000
H_2	1 ~ 8	P_4、PH_3（标态）/mg · m^{-3}	500 ~ 1300
CH_4	约 0.3	HF（标态）/mg · m^{-3}	约 1200

目前，黄磷尾气的治理与利用主要有：（1）火炬直接燃烧、除尘后作为燃料；（2）净化提浓得到高纯的 CO 气体进行羰基合成；（3）生产碳一化工产品等三种方法。本课题组对黄磷尾气中 P_4、PH_3、H_2S 的深度净化进行了研究，目前已取得了较好的成果。在昆明理工大学前期研究成果的基础上，提出利用黄磷尾气还原分解磷石膏，构建我国磷化工产业的一条循环经济产业链。本研究中采用直接净化过的黄磷尾气，其主要成分为 CO，在以后的叙述中简称黄磷尾气为 CO。

2.1.2　CO 还原分解磷石膏的热力学数据计算

从可能生成的物质方面进行分析，CO 与磷石膏发生反应过程中可能发生的反应机理方程为反应式（2-1）到反应式

(2-6)，最初我们认为反应式（2-1）与反应式（2-2）为主反应，生成主产物CaO与SO_2，反应式（2-3）为副反应，生成副产物CaS，反应式（2-4）到反应式（2-6）为发生的一些次要的反应。其各个不同的反应在不同温度下的热力学数据计算结果如表2-1与表2-2所示。从各个反应的热力学数据推断各个反应发生的可能性。其中反应式（2-1）到反应式（2-6）的反应方程式如下所示。

$$2CaSO_4 \longrightarrow 2CaO + 2SO_2(g) + O_2(g) \tag{2-1}$$

$$CaSO_4 + CO \longrightarrow CaO + SO_2 + CO_2 \tag{2-2}$$

$$CaSO_4 + 4CO \longrightarrow CaS + 4CO_2 \tag{2-3}$$

$$3CaSO_4 + CaS \longrightarrow 4CaO + 4SO_2(g) \tag{2-4}$$

$$3CaS + CaSO_4 \longrightarrow 4CaO + 4S \tag{2-5}$$

$$CaS + 2SO_2(g) \longrightarrow CaSO_4 + 2S \tag{2-6}$$

反应式（2-1）至反应式（2-3）在不同温度下的热力学数据计算结果见表2-2。从表2-2中反应（2-1）的热力学计算数据可以看出，磷石膏中主要成分硫酸钙自身发生分解生成氧化钙、二氧化硫与氧气的反应要到1700℃时$\Delta_r G<0$，反应才可能发生，同时$\Delta_r H=858.558$kJ/mol，说明在1700℃下1mol的硫酸钙发生分解必须吸收858.558kJ的热量。这个反应是一个强烈的吸热反应。在这个温度下磷石膏的分解反应依靠其主成分硫酸钙发生自身的分解反应是非常困难的。

表2-2　不同温度下的热力学数据计算结果　　kJ/mol

温度/℃	反应式（2-1）		反应式（2-2）		反应式（2-3）	
	$\Delta_r G$	$\Delta_r H$	$\Delta_r G$	$\Delta_r H$	$\Delta_r G$	$\Delta_r H$
100	801.257	1010.881	149.979	222.091	-174.373	-170.721
300	689.963	1005.718	111.959	219.229	-175.506	-174.127
500	580.889	998.251	75.044	215.812	-175.557	-176.777
700	474.050	988.378	39.124	211.490	-174.940	-179.335

续表 2-2

温度/℃	反应式（2-1）		反应式（2-2）		反应式（2-3）	
	$\Delta_r G$	$\Delta_r H$	$\Delta_r G$	$\Delta_r H$	$\Delta_r G$	$\Delta_r H$
800	421.486	982.487	21.537	208.927	-174.421	-180.706
900	369.500	975.959	4.201	206.081	-173.769	-182.202
1000	318.097	968.797	-12.879	202.944	-172.982	-183.863
1100	267.282	961.012	-29.701	199.514	-172.058	-185.715
1200	217.055	942.612	-46.264	190.793	-170.991	-192.777
1300	168.039	935.535	-62.254	187.744	-169.468	-194.094
1400	119.467	928.668	-78.053	184.810	-167.866	-195.239
1500	72.477	871.215	-93.092	156.589	-165.611	-221.623
1650	5.305	861.642	-114.046	152.572	-160.822	-222.810
1700	-16.919	858.558	-120.962	151.288	-159.206	-223.132
1800	-61.138	852.548	-134.697	148.803	-155.952	-223.666

在一氧化碳还原分解磷石膏的反应式（2-2）中，当在1000℃时，$\Delta_r G<0$，反应已经可以发生，这个温度下的 $\Delta_r H=202.944$kJ/mol，说明在该温度反应式（2-2）的发生需要吸收202.944kJ 的热量，与硫酸钙自身发生分解相比，不仅反应温度降低，而且反应所需要吸收的热量也降低了，大大增强了反应发生的可能性。在实验的设计中，希望利用磷石膏来提硫制水泥，所以这个反应是主反应，但是具体的反应温度还需要通过实验来确定。从反应式（2-3）的数据可以看出，反应式（2-3）在常温下 $\Delta_r G<0$，$\Delta_r H<0$，说明从热力学角度该反应在常温下就可以发生，同时放出大量的热。由于反应式（2-3）极易发生，生成了不需要的副产物，而真正有利的主反应在1000℃时才能发生，这对于研究是不利的，所以，在试验的过程中如何控制反应的气氛、反应温度以及其他的反应条件，抑制副反应式（2-3）的发生，从而促进主反应式（2-2）的发生，是一个非常关键的问题。

在反应过程中，虽然反应式（2-4）到反应式（2-6）不是主要的反应，但是我们也考察了它们在不同温度下的热力学数据，分析其反应发生的可能性。反应式（2-4）至反应式（2-6）在不同温度下的热力学数据计算结果见表2-3。从表2-3可以看出，在高于1200℃的情况下，$\Delta_r G<0$，反应式（2-4）可能发生，但是由于主反应式（2-2）在1000℃时就发生了，我们一般控制反应炉的温度最高到1200℃，所以反应式（2-4）在整个反应过程中可以不考虑。对于反应式（2-5），直到1500℃，$\Delta_r G$与$\Delta_r H$都大于0，从热力学讲该反应完全不可能发生，整个反应过程中可以不考虑。反应式（2-6），在700℃以下$\Delta_r G<0$，但是到800℃，该反应的$\Delta_r G>0$，说明该反应在高温下是绝不可能发生的，在我们的试验中，为了模拟工况，炉子的温度范围一般控制在800～1200℃，所以这个反应也可以认为实际上是不可能发生的。

表2-3　不同温度下的热力学数据计算结果　　kJ/mol

温度/℃	反应式（2-4）		反应式（2-5）		反应式（2-6）	
	$\Delta_r G$	$\Delta_r H$	$\Delta_r G$	$\Delta_r H$	$\Delta_r G$	$\Delta_r H$
100	774.288	1059.087	321.076	326.093	−226.606	−366.497
300	623.342	1051.042	312.027	346.949	−155.658	−352.047
500	475.733	1040.025	298.364	355.364	−88.684	−342.331
700	331.435	1025.294	282.982	360.230	−24.226	−332.532
800	260.567	1016.415	274.965	361.716	7.199	−327.349
900	190.574	1006.525	266.837	362.613	38.131	−321.956
1000	121.466	995.637	258.655	362.956	68.594	−316.341
1100	53.252	983.773	250.466	362.783	98.607	−310.495
1200	−14.064	955.949	242.306	357.120	113.449	−307.484
1300	−79.547	945.072	234.518	356.943	157.033	−294.150
1400	−144.347	934.477	226.743	356.726	171.329	−291.450
1500	−206.756	847.980	219.570	331.093	213.163	−258.443

图 2-1 给出了不同反应的吉普斯自由能随温度的变化，从图中可以清楚地看出每个反应在什么温度下才可能发生反应，有的反应则不可能发生。从前面的分析与图 2-1 可知，整个反应过程可以发生的反应为反应式（2-2）、反应式（2-3）和反应式（2-4）。其他的几个反应发生的可能性很小，在我们的试验条件下，可忽略不计。为了区分反应过程中三个反应进行的可能性，通过对三个反应的平衡常数随反应温度的变化规律进行分析。其中反应式（2-2）到反应式（2-4）的平衡常数 K 随反应温度的变化规律见图 2-2。

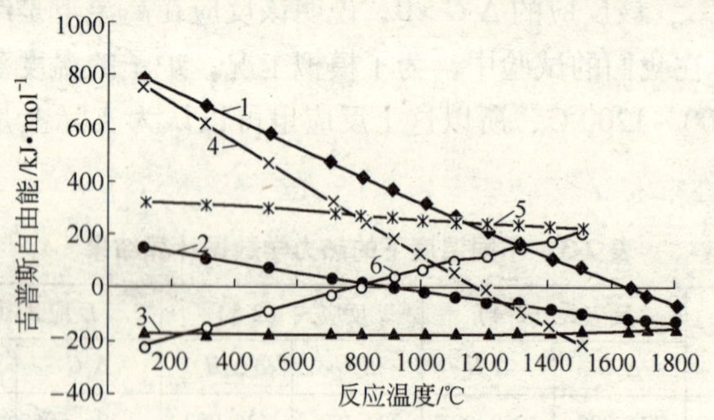

图 2-1　不同反应的吉普斯自由能随温度的变化

1—反应式（2-1）；2—反应式（2-2）；3—反应式（2-3）；4—反应式（2-4）；5—反应式（2-5）；6—反应式（2-6）

从图 2-2 中可知，反应式（2-2）的平衡常数始终小于反应式（2-3）的平衡常数，说明从热力学上讲反应式（2-3）比反应式（2-2）更容易发生，但是随着反应温度的增加，反应式（2-3）的平衡常数是减小的，说明随着反应温度的增加，反应式（2-3）发生的可能性减小。反应式（2-4）的平衡常数也始终小于反应式（2-2），在实际反应过程中控制副产物的生成可能会有一些困难。需要通过改变一些其他的反应条件来促进主反应的发生。使磷石膏的分解率和脱硫率达到最大。

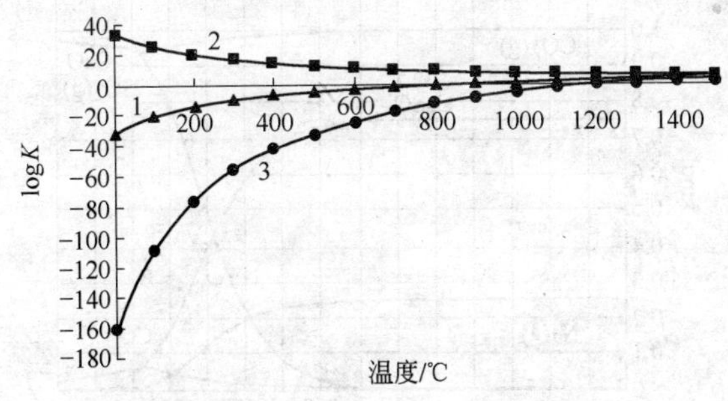

图 2-2　反应式（2-2）到 反应式（2-4）平衡
常数 log$K$ 随温度的变化曲线
1—反应式（2-2）；2—反应式（2-3）；3—反应式（2-4）

2.1.3　CO 还原分解磷石膏的平衡组成计算

通过对各个反应在不同温度下的热力学计算数据结果进行分析，可以知道整个反应过程中各个化学反应发生的可能性以及化学反应发生后生成物的种类。这样，通过 HSC 热力学计算软件和数据库，根据系统自由能最小原则，得出不同摩尔比的 CO 与 $CaSO_4$（磷石膏中主要成分）在反应过程中的不同温度下的平衡组成图，见图 2-3，从而为以后的试验给出重要的基础参数。

图 2-3a 为 CO 与 $CaSO_4$的摩尔比为 1∶1 时在不同的反应温度下的平衡组成。从图 2-3a 中可知，当 CO 与 $CaSO_4$的摩尔比为 1∶1 时，磷石膏中主要成分 $CaSO_4$的分解分为两个阶段，第一阶段为室温约 800℃，也是 CO 与 $CaSO_4$ 在低温时就发生反应，生成了 CaS 的一个过程；第二阶段是 800 ~ 1400℃，也是 CO 还原 $CaSO_4$发生分解反应的阶段，这时 $CaSO_4$ 的量急剧减少，CaS 的量也在减少，反而 CaO 和 SO_2 的量急剧地增加，直到 1400℃ 时达到最高。在 1200℃ 左右时，硫酸钙差不多就已经反应了 90%。从图中可以看出，整个反应过程中 CO_2的含量始终都比较高。说明副反应式（2-3）一直都在发生。而直到 800℃ 时，主反应式

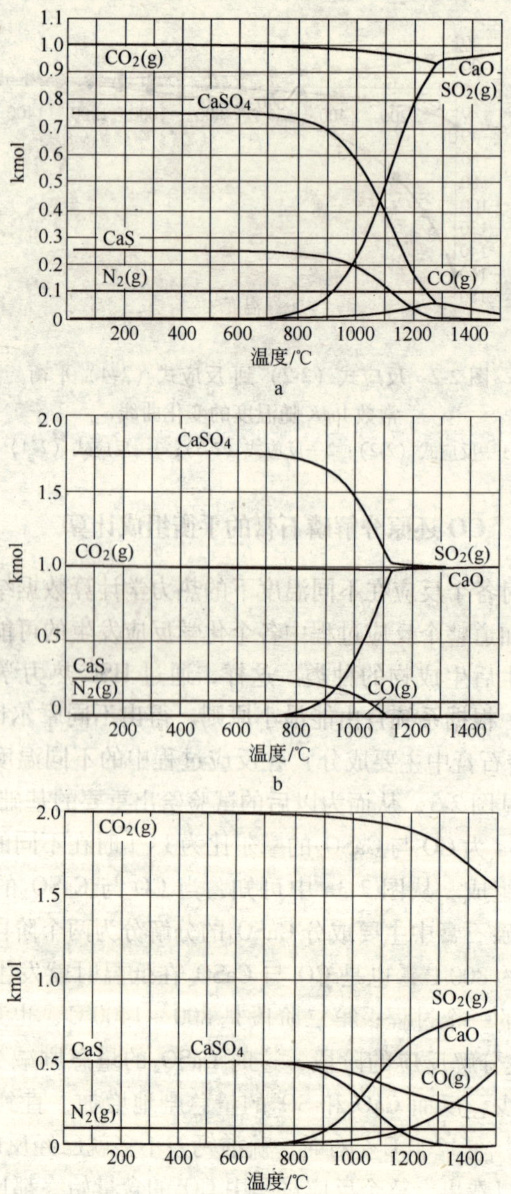

a

b

c

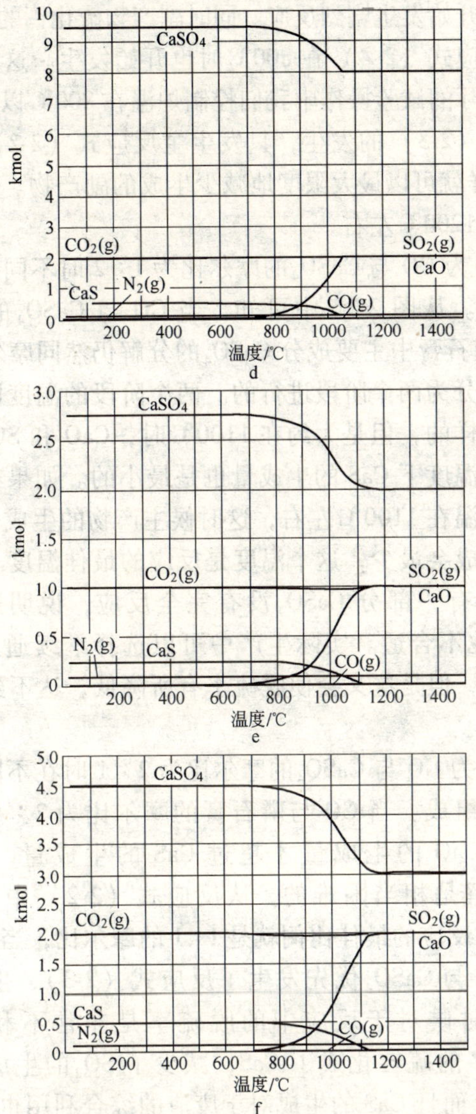

图 2-3　CO 与 $CaSO_4$不同摩尔比时不同温度下的平衡组成

a—$x(CO)/x(CaSO_4)$ = 1∶1；b—$x(CO)/x(CaSO_4)$ = 1∶2；

c—$x(CO)/x(CaSO_4)$ = 2∶1；d—$x(CO)/x(CaSO_4)$ = 1∶10；

e—$x(CO)/x(CaSO_4)$ = 1∶3；f—$x(CO)/x(CaSO_4)$ = 1∶5

（2-2）才刚开始发生剧烈反应。同时副产物硫化钙的量也急剧减少，说明反应式（2-4）在800℃时也开始发生。这样就可以初步推断在实际的试验操作中我们控制炉温在800℃以上，可以控制副反应式（2-3）的发生，只发生主反应式（2-2）和反应式（2-4）。这样就可以最大限度地减少生成的副产物。最高反应温度可控制在1200℃左右。

图2-3b为CO与$CaSO_4$的摩尔比为1∶2时不同反应温度下的平衡组成。从图2-3b中可知，当CO与$CaSO_4$的摩尔比为1∶2时，磷石膏中主要成分$CaSO_4$的分解仍然同摩尔比为1∶1时一样，是分为两个阶段进行的。两个阶段的温度区及发生的反应都是一样的，但是大约在1100℃时，CaO和SO_2的量达到最高，这个温度下CaS的生成量也是最小的。如果在实际反应中，控制炉温在1100℃左右，这时候主产物的生成会最多，而副产物的生成会最少，这个温度是反应的最佳温度。但是在这种情况下还有一部分$CaSO_4$没有完全反应，说明这时CO与$CaSO_4$的配比不合适。实际生产中可以选择继续通入CO来使其反应完全，但是这又会使脱硫率有所降低，达不到理想的结果。

图2-3c为CO与$CaSO_4$的摩尔比为2∶1时在不同的反应温度下的平衡组成。当CO与磷石膏的摩尔比为2∶1时，直到1100℃时，CaO的生成量才超过CaS的生成量，这是因为$CaSO_4$的分解是相当困难的。从反应式（2-2）中可以看出，CO与$CaSO_4$反应的最佳比例就是1∶1的摩尔比，当CO的量比较多时，CO与$CaSO_4$优先发生了反应式（2-3），生成了较多的CaS，这时候对于反应中的脱硫率是非常不利的，因为$CaSO_4$中较多的硫转化成了CaS，减少了SO_2的生成，降低了SO_2的浓度，而且CaS的生成对于废渣的综合利用也是不利的。但是CaS在工业中也有非常广泛的用途，所以现在也有的充分利用$CaSO_4$与CO的这一反应特性来生成CaS，但是在我们的这个试验研究中，生成CaS是非常不利的。另外，多余的CO可

能与尾气中已生成的SO_2发生反应生成硫磺，会造成管道堵塞，这对于实际生产非常不利，所以在实际生产中不可能采用这种原料配比。

继续选择不同摩尔比的 $CaSO_4$与 CO 从热力学上看反应进行的结果。图 2-3d 为 CO 与 $CaSO_4$的摩尔比为 1∶10 时在不同的反应温度下的平衡组成。从图 2-3d 中可以看出，当 CO 与 $CaSO_4$的摩尔比为 1∶10 时，CO 还原剂的量远远少于实际中完全还原分解 $CaSO_4$时所需要的量，由于 CO 的量很不充足，所以实际中生成的 CaS 的量也是非常少的，但是生成的 CaO 与 SO_2的量也非常有限，这是因为 $CaSO_4$ 自身的分解是非常困难的。在我们的试验中，我们希望生成高浓度的 SO_2与高品质的水泥原料，所以这种配比对于我们的试验研究是不利的。适当降低硫酸钙含量，对于主反应的进行会更为有利。

由图 2-3d 可以得出结论，适当降低 $CaSO_4$的含量，对于主反应的进行会更有利。所以又选择了 CO 与 $CaSO_4$的摩尔比分别为 1∶3 与 1∶5 的分析平衡组成计算。分别见图 2-3e 与图 2-3f。

从图 2-3e 与图 2-3f 的对比可知，当 CO 与 $CaSO_4$的摩尔比为 1∶3 时的反应效果比摩尔比为 1∶5 时要好很多，因为当 CO 与 $CaSO_4$的摩尔比为 1∶3 时，$CaSO_4$的量有一个大幅度降低的过程，也是 $CaSO_4$快速分解的一个过程。同时副产物硫化钙的生成量在大约为 1100℃时可以为零，但是唯一的缺点就是硫酸钙的分解不完全。

另外有人[153]认为，CO 与磷石膏发生反应是中间经历了一些复杂的反应过程，也是一个硫酸钙分解反应进行的过程，其主要的反应机理方程如下：

$$CaSO_4 + CO \longrightarrow CaO \cdot SO_2 \cdot CO_2 \tag{2-7}$$

$$CaO \cdot SO_2 \cdot CO_2 \longrightarrow CaO \cdot SO_2 + CO_2 \tag{2-8}$$

$$CaO \cdot SO_2 \longrightarrow CaO + SO_2 \tag{2-9}$$

$$CaO \cdot SO_2 + 2CO \longrightarrow CaO \cdot S + 2CO_2 \tag{2-10}$$

$$CaO \cdot S + CO \longrightarrow CaS + CO_2 \quad (2\text{-}11)$$

在这种机理中也有副产物 CaS 的生成，但不是主要的反应，它也是在 CO 非常充足的条件下在还原性气氛下才有可能发生这个反应。这种反应机理没有考虑中间过程产物的具体形式，所以不能说明具体的问题。

2.2 高硫煤还原分解磷石膏的热力学研究

2.2.1 我国高硫煤利用现状

我国煤炭资源总量居世界第二，按目前全国煤炭资源预测总量和探明煤炭储量计算，高硫煤预测总量和探明储量分别是4260 亿 t 和 620 亿 t。但是为满足《两控区酸雨和二氧化硫污染防治“十五”计划》，我国又禁止高硫煤（含硫量不低于3%）的开采，所以高硫煤的开发利用也是摆在我们面前的问题[68]。我国硫分大于3%的部分省（区）的煤炭保有储量见表2-4。

表 2-4 我国硫分大于 3%的部分省（区）的煤炭保有储量

省区	储量/亿 t	平均硫分 S（t，d）/%	占全国煤炭储量/%
浙江	1.20	4.52	0.01
湖北	5.54	4.63	0.06
广西	20.94	3.29	0.21
海南	0.98	4.00	0.01
四川	97.75	3.12	0.98
西藏	0.84	3.00	0.001

我国煤炭资源存在着北富南贫、西多东少的分布不均状况，而高硫煤又多分布在煤炭资源较少的南方地区，所以高硫煤的利用就显得尤其重要和突出[69]。从表 2-4 硫分大于 3% 的若干省（区）的煤炭保有储量看出，浙江、湖北、广西、海南、四川、

西藏等省区煤炭资源的平均硫分都相当高。同时有必要指出，有的省（区）煤炭资源平均硫分不算高，但有些矿务局的产煤硫分却相当高，像贵州省六枝和林东矿务局所产商品煤含硫量高达4.06%和4.81%，类似情况在江西、广东、湖南的某些矿务局亦存在。

为了让磷石膏在分解煅烧的过程中产生稳定的高浓度 SO_2，本课题提出利用高硫煤还原分解磷石膏，使高硫煤在生产中产生的 SO_2 转化为有利的资源，这样既开发了一条更好的高硫煤煤种的利用途径，又解决了在磷石膏的利用过程中长期难以解决的 SO_2 浓度低的问题。首先从热力学上来分析高硫煤还原分解磷石膏的可能性。

2.2.2 高硫煤还原分解磷石膏的热力学计算

经分析认为，高硫煤与磷石膏在反应过程中主要发生的反应，除了 CO 与磷石膏发生反应过程中所发生的反应式（2-1）、反应式（2-4）、反应式（2-5）、反应式（2-6）以外，还发生了反应式（2-12）到反应式（2-17），其方程式如下所示：

$$2CaSO_4 \longrightarrow 2CaO + 2SO_2(g) + O_2(g) \tag{2-1}$$

$$3CaSO_4 + CaS \longrightarrow 4CaO + 4SO_2(g) \tag{2-4}$$

$$3CaS + CaSO_4 \longrightarrow 4CaO + 4S \tag{2-5}$$

$$CaS + 2SO_2(g) \longrightarrow CaSO_4 + 2S \tag{2-6}$$

$$2CaSO_4 + C \longrightarrow 2CaO + 2SO_2(g) + CO_2(g) \tag{2-12}$$

$$CaSO_4 + 4C \longrightarrow CaS + 4CO(g) \tag{2-13}$$

$$CaSO_4 + \frac{5}{2}C \longrightarrow CaS + \frac{3}{2}CO_2(g) + CO(g) \tag{2-14}$$

$$S + O_2 \longrightarrow SO_2 \tag{2-15}$$

$$C(s) + O_2(g) \longrightarrow CO_2(g) \tag{2-16}$$

$$CO_2(g) + C(s) \longrightarrow CO(g) \qquad (2\text{-}17)$$

从热力学上分析高硫煤与磷石膏发生反应的可行性，利用了 HSC 热力学软件对各个反应在不同温度下的热力学数据进行了计算。其中反应式（2-1）、反应式（2-4）、反应式（2-5）、反应式（2-6）的计算结果已在表 2-1 与表 2-2 中提到，而且从前面的讨论中我们可知，这四个反应发生的可能性是很小的，几乎可以忽略不计。在高硫煤与磷石膏的反应中这也是同样的。

反应式（2-15）是煤中硫发生的一个反应，反应式（2-16）与反应式（2-17）为高硫煤可能发生的反应。表 2-5 与表 2-6 分别给出了反应式（2-12）到反应式（2-17）在不同温度下的热力学数据计算结果。

表 2-5　反应式（2-12）~反应式（2-14）在不同温度下的热力学数据计算结果　　kJ/mol

温度/℃	反应式（2-12）		反应式（2-13）		反应式（2-14）	
	$\Delta_r G$	$\Delta_r H$	$\Delta_r G$	$\Delta_r H$	$\Delta_r G$	$\Delta_r H$
100	406.682	617.334	252.527	521.886	92.439	262.158
300	350.492	615.043	108.307	519.964	1.877	259.680
500	185.381	604.138	−34.385	513.280	−87.325	254.508
700	78.232	593.836	−175.001	504.092	−174.978	247.807
900	−26.540	581.000	−313.540	493.151	−261.126	239.893
1000	−78.026	573.631	−382.055	487.114	−303.653	235.498
1100	−128.909	565.641	−450.082	480.733	−345.823	230.815
1200	−179.188	547.033	−517.632	469.012	−387.642	220.841
1300	−228.242	539.745	−584.405	462.929	−428.803	216.545
1400	−276.838	532.660	−650.793	456.925	−469.695	212.364
1500	−323.839	474.984	−716.236	425.599	−509.751	182.891

表 2-6　反应式（2-15）~反应式（2-17）在不同温度下的热力学数据计算结果　　kJ/mol

温度/℃	反应式（2-15）		反应式（2-16）		反应式（2-17）	
	$\Delta_r G$	$\Delta_r H$	$\Delta_r G$	$\Delta_r H$	$\Delta_r G$	$\Delta_r H$
50	-300.356	-297.111	-394.435	-393.522	115.597	172.713
100	-300.810	-298.089	-394.574	-393.546	106.725	173.152
200	300.925	-302.071	-394.843	-393.614	88.859	173.572
300	-300.463	-304.174	-395.091	-393.738	70.953	173.523
500	-298.680	-307.074	-395.508	-394.114	35.293	172.514
700	-296.219	-309.465	-395.818	-394.542	-0.015	170.857
900	-293.278	-311.718	-396.040	-394.959	-34.943	168.838
1100	-289.959	-313.878	-396.191	-395.371	-69.506	166.612
1200	-288.180	-314.930	-396.243	-395.579	-86.660	165.447
1300	-286.329	-315.967	-396.281	-396.791	-103.734	164.256
1400	-284.413	-316.991	-396.305	-396.007	-120.732	163.041
1500	-282.436	-318.004	-396.317	-396.231	-137.656	161.806

从表2-5中可知，在900℃下，反应式（2-12）的 $\Delta_r G<0$，$\Delta_r H=581.000$kJ，与前面CO还原分解磷石膏的反应热力学数据相比，从热力学上讲反应式（2-12）可以发生反应的起始温度比反应式（2-2）降低了大约100℃，但是它所需要吸收的热量却比反应式（2-2）增加了大约300kJ/mol。很难判断高硫煤与磷石膏的反应和CO与磷石膏的反应哪个更容易进行。从这一点也可初步认为，高硫煤与磷石膏发生的反应是固-固反应。但是也有人认为，气-固反应比固-固反应在实际生产中更容易发生。因为煤在高温状态下是以气体形式存在的。在实际生产中，反应物的添加是一个瞬间的过程，固-固反应的可能性会更大。其中生成

副产物 CaS 的副反应式（2-13）与副反应式（2-14）在 500℃时，反应就可以进行，这与 CO 与磷石膏发生的反应式（2-3）在常温下就会发生的角度看，高硫煤与磷石膏发生反应是更为有利的，因为 CO 与硫酸钙发生的副反应从热力学上讲在常温下就已经开始了。

从表 2-6 中可知，在常温下，反应式（2-15）的 $\Delta_r G<0$、$\Delta_r H=-297.111\text{kJ}$ 说明，从热力学上讲，反应式（2-15）在常温下就可发生，同时释放出 297.111kJ 的热量。同时，反应式（2-16）的 $\Delta_r G<0$，$\Delta_r H=-393.522\text{kJ}$，同样的说明反应式（2-16）在常温下也可以发生，同时放出 393.522kJ 的热量。从热力学计算数据上可以很明显地得知，高硫煤中硫可以很容易地转化为烟气中的 SO_2。其中碳的转化也是比较容易的。在循环流化床反应器中，碳的燃烧可以很容易地为磷石膏的分解提供所需要的热量。反应式（2-17）在 700℃下开始发生反应，同时需要吸收 170.857kJ 的热量。

图 2-4 为高硫煤还原分解磷石膏时不同反应的吉普斯自由能

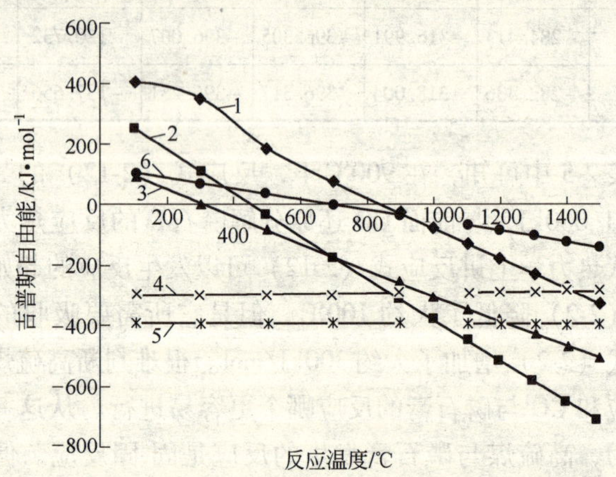

图 2-4　不同反应的吉普斯自由能随温度的变化

1—反应式（2-12）；2—反应式（2-13）；3—反应式（2-14）；4—反应式（2-15）；5—反应式（2-16）；6—反应式（2-17）

随温度的变化，从图中可知，反应式（2-13）与反应式（2-14）相比，我们所希望的主反应式（2-12）更容易发生，但是与黄磷尾气还原分解磷石膏的副反应式（2-3）相比，反应式（2-13）与反应式（2-14）更不容易发生。

图 2-5 为黄磷尾气和高硫煤还原分解磷石膏时各自主反应的焓变与吉普斯自由能变化，从图可以明显地看出，反应式（2-12）比反应式（2-2）的起始反应温度低，但是如果要发生反应式（2-12），需要吸收更多的热量。说明从热力学上讲，高硫煤还原分解磷石膏的反应更易发生。

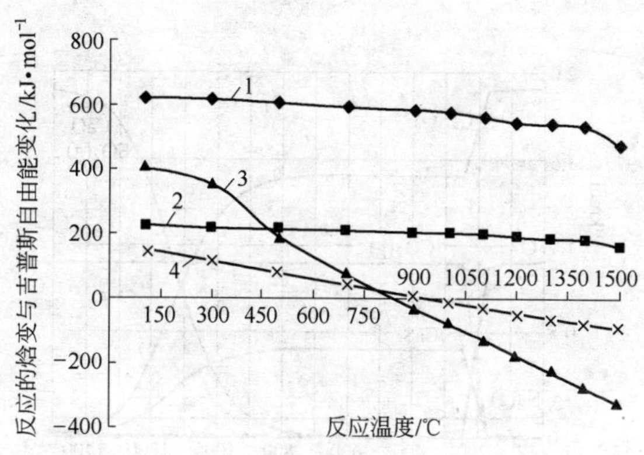

图 2-5　不同还原物质分解磷石膏时主反应的焓变与吉普斯自由能随温度的变化

1—反应式（2-12）$\Delta_r H$；2—反应式（2-2）$\Delta_r H$；

3—反应式（2-12）$\Delta_r G$；4—反应式（2-2）$\Delta_r G$

2.2.3　高硫煤还原分解磷石膏的平衡组成计算

依据系统自由能最小原则，利用热力学计算软件和数据库，对高硫煤（C）与磷石膏（$CaSO_4$）反应体系在不同温度下的平衡组成进行了计算，得到了不同摩尔比的反应物在不同的反应温度下的平衡组成。结果见图 2-6。

图 2-6a 为 C 与 $CaSO_4$ 在摩尔比为 1∶1 时不同温度下的平衡

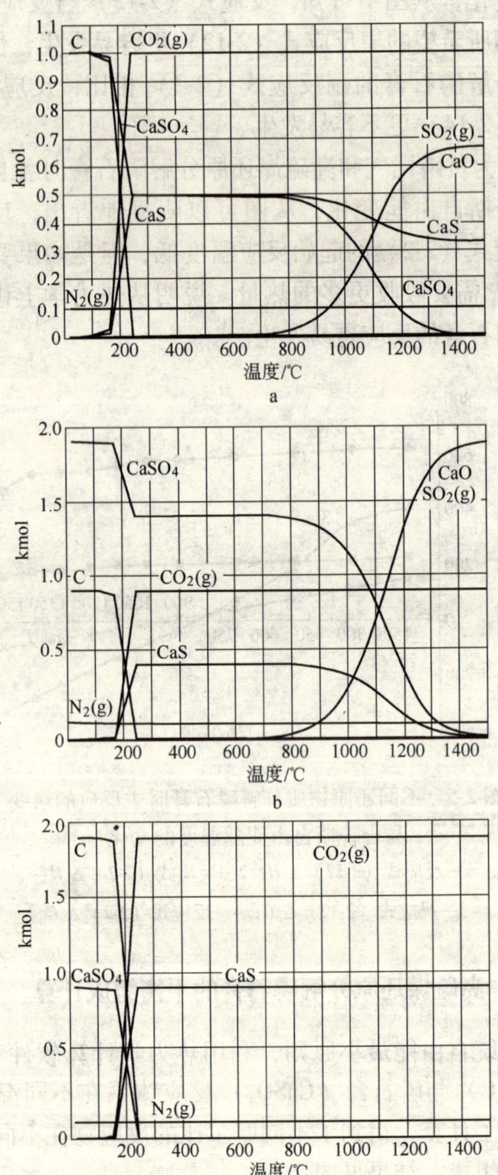
C
CO2(g)
CaSO4
CaS
N2(g)
SO2(g)
CaO
CaS
CaSO4
kmol
温度/℃
a
CaSO4
CaO
SO2(g)
C
CO2(g)
CaS
N2(g)
kmol
温度/℃
b
C
CO2(g)
CaSO4
CaS
N2(g)
kmol
温度/℃
c

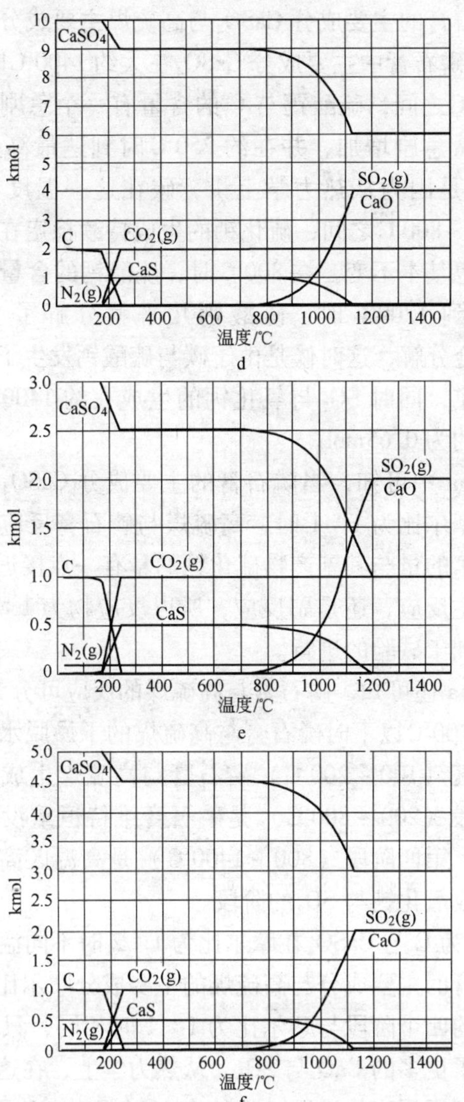

图 2-6　不同摩尔比的 C 与 $CaSO_4$ 在不同温度下的平衡组成

a—x（C）/x（$CaSO_4$）＝1∶1；b—x（C）/x（$CaSO_4$）＝1∶2；
c—x（C）/x（$CaSO_4$）＝2∶1；d—x（C）/x（$CaSO_4$）＝1∶10；
e—x（C）/x（$CaSO_4$）＝1∶3；f—x（C）/x（$CaSO_4$）＝1∶5

组成。当磷石膏的主要成分 $CaSO_4$ 与高硫煤主要成分碳的摩尔比为 1∶1 时，磷石膏中主要成分 $CaSO_4$ 在大约 1400℃时完全分解，在 200～300℃之间，硫酸钙与 C 的含量有一个急剧的降低，硫化钙的生成量急剧增加，并在约 250℃时到达最高生成量（约 0.5mol）。这是因为从热力学上讲，碳在这一温度早已生成了 CO_2，在 250～800℃之间，硫化钙的生成持续稳定在最高点，硫酸钙的含量也基本不变。在 800℃时，硫酸钙的含量又有一个急剧地降低，到 1200℃时，硫酸钙几乎就分解了 90%，并在 1400℃时完全分解，这时候是由于碳与硫酸钙发生了生成氧化钙与 SO_2 的反应，同时 SO_2 与氧化钙的生成在约 1400℃时达到最高，生成量约为 0.65mol。

从图 2-6a 中可知，当磷石膏的主要成分 $CaSO_4$ 与高硫煤的主要成分的摩尔比为 1∶1 时，高硫煤与磷石膏反应生产的主产物 CaO 与 SO_2 的量与其副产物硫化钙的量有一点接近，这时候分不清哪个是主反应，还是副反应，所以反应物为 1∶1 的摩尔比时，明显不利于试验的进行。

从图 2-6a 还可知，磷石膏与高硫煤的反应可分为四个阶段，第一阶段是 100℃以下时磷石膏与高硫煤的干燥脱水阶段，第二阶段是低温区（100～200℃）磷石膏与高硫煤生成硫化钙的阶段，第三阶段（200～800℃）是磷石膏维持恒重没有参与任何反应的阶段，第四阶段（800～1400℃）是高温区高硫煤还原分解磷石膏生成氧化钙与 SO_2 的阶段。

图 2-6b 为 C 与 $CaSO_4$ 在摩尔比为 1∶2 时不同温度下的平衡组成。磷石膏的主要成分与高硫煤的主要成分摩尔比为 1∶2 时，磷石膏分解的四个阶段与摩尔比为 1∶1 时相同，只是与图 2-6a 相比，生成了更多的 CaO 与 SO_2。从热力学上，在这种情况下的原料比更有利于反应的进行。大约在 1300℃时，$CaSO_4$ 几乎完全分解，CaO 的生成量也接近了最高，副产物 CaS 的生成量也最少，说明 $CaSO_4$ 中的硫几乎全部转化成为 SO_2，在这个温度下反应的进行是最好的。

图2-6c 为 C 与 $CaSO_4$在摩尔比为2∶1 时不同温度下的平衡组成。当 C 与 $CaSO_4$的摩尔比为2∶1 时，根本没有 CaO 的生成，$CaSO_4$在大约300℃时就全部转化成为 CaS，这时候磷石膏的分解率是很高的，但是它的脱硫率却很低，几乎没有 SO_2的生成。这种原料配比是不利于反应发生的。

图2-6d 为 C 与 $CaSO_4$在摩尔比为1∶10 时不同温度下的平衡组成。当 C 与 $CaSO_4$的摩尔比为1∶10 时，$CaSO_4$最初在低温时与 C 发生反应生成了 CaS，但是到800℃，CaS 的生成量逐渐减少，直到1100℃时最低，而 $CaSO_4$与 C 发生反应转化成了 SO_2与 CaO 发生反应。但是在这种情况下，$CaSO_4$的量远远大于 C 的量，这时也不利于 $CaSO_4$的分解反应，还是有一部分 $CaSO_4$没有发生反应，仍然存在于固体废渣中。

图2-6e 与图2-6f 分别为 C 与 $CaSO_4$在摩尔比为1∶3 和1∶5 时不同温度下的平衡组成。可知，当 C 与 $CaSO_4$选用不同的摩尔比时，$CaSO_4$发生反应过程中与前面一样分为四个阶段，以及 CaS、SO_2与 CaO 的生成量也是一样的。所以我们认为，从热力学上讲，在 C 与 $CaSO_4$的摩尔比在1∶3 ~ 1∶5 这个范围之内时，生成物几乎不会有很大变化。

另外，从图2-6 中可知，在大约300℃时高硫煤中的 C 含量为0，证明高硫煤可能已全部转化为气体，但全部转化为 CO_2，虽然也有人认为高硫煤与磷石膏的反应可能是气-固反应，其主要的机理为方程（2-2），方程（2-3），方程（2-15），方程（2-16），方程（2-17），但是从热力学上分析这是不可能的，在实际的生产中反应是一个瞬间过程，生成的 CO_2与新加入的煤可能再发生反应生成 CO。这时的反应原理与前面黄磷尾气还原分解磷石膏的反应就一样了。

在试验中，首先把炉温升到指定温度，然后再把物料立即送到反应炉中，可认为高硫煤与磷石膏的反应既可能是固-固反应，也可能是气-固反应。热力学仅能表明反应发生的可能性，要判定反应发生的快慢，必须进行动力学的研究。

2.3 小结

针对黄磷尾气与高硫煤还原分解磷石膏所做的热力学分析的研究结果表明：

（1）磷石膏中主要成分 $CaSO_4$ 自身发生分解需要的反应温度约为 1700℃，反应的进行需要较高的能量。如果用 CO 或高硫煤还原分解磷石膏，从热力学上讲，反应发生所需要的温度降低了许多，反应只需要较低的能量就可以进行。

（2）还原分解磷石膏发生的最佳反应温度为 800～1200℃。

（3）高硫煤还原分解磷石膏的反应比黄磷尾气还原分解磷石膏的反应可以在较低的温度下进行，但是需要吸收更多的热量。

（4）高硫煤还原分解磷石膏发生的副反应比黄磷尾气还原分解磷石膏发生的副反应更不易发生。所以高硫煤还原分解磷石膏有利于反应的顺利进行。

（5）生成副产物硫化钙的反应，从热力学上讲在还原性气氛比较充足的条件下是极容易的。所以抑制副反应的发生，促进主反应的发生其气氛的控制是非常关键的。

3 还原分解磷石膏的试验研究

众所周知，化学热力学只解决了反应的可能性和反应进行的方向性问题，而要探求反应进行的速率，了解各种因素（浓度、温度、压力、介质、催化剂等）对反应的影响，以及进一步对反应机制作出判断，是反应动力学的基本内容和任务。

对一个反应，只有从热力学和动力学两方面进行分析研究才能对反应的整个过程有一个全面的了解。在从热力学方面对磷石膏的分解反应的发生进行了分析研究之后，我们又从化学动力学方面对磷石膏的分解进行了研究。因为磷石膏是一个含有多种杂质的固体物质，在其分解过程中有许多其他的影响因素，系统地研究和掌握磷石膏热分解反应的规律及有关的反应动力学参数，是科学、正确地设计和研制磷石膏分解反应器的前提，其研究对工程设计只有理论和实践指导意义。

化学反应动力学是从动态的角度由宏观物相到微观分子水平探索化学反应的全过程。它的任务就是研究化学反应的速率与探求反应机理。

3.1 磷石膏的热分解动力学研究

磷石膏的热分解反应机理及数学描述，对于正确描述磷石膏分解化学反应过程，进而完成整个复杂的分解反应过程的数学模化有着重要的作用。运用热分析技术，可以方便的考察加热速率、温度、压力等因素的变化对于热解和燃烧的影响。同时热分析可以用来对物质的热分解机理进行分析，确定动力学参数，为进一步建立物质的热分解模型提供一定的试验依据。

3.1.1 利用热重分析研究固体物质反应特性的现状

热分析是在程序控制温度下，测量物质的物理性质与温度的关系的一类技术。热分析的应用极其广泛，现代化的科研、生产和国防领域很多部门都和热分析有着直接的关系。在化工、冶金、地质、建筑、电工、机械、医药、食品、纺织、农林、环境保护等应用科学技术领域，热分析获得了深入、广泛的应用[70]。

在热分析法中，物质在一定温度范围内变化，包括与周围环境作用而经历的物理变化和化学变化，诸如释放出结晶水和挥发物质的碎片、热量的吸收或释放，某些变化涉及物质的质量增加或质量损失，发生热化学变化和热物理性质及电学性质变化等。热分析的核心就是研究物质在受热或冷却时产生的物理和化学的变迁速率和温度以及所涉及的能量和质量变化。归结起来可以这样说，热分析技术是建立在物质热行为上的一类分析方法。

王雅琴，周松林[71]等人利用热分析方法得出磷石膏较为优化的分解反应条件为：温度 1100℃，气氛条件为：$\varphi(CO):\varphi(CO_2):\varphi(N_2)=7:15:78$，粒径≤76μm。

范浩杰，章明川，吴国新[72]等人利用热分析方法对碳酸钙的热分解进行了机理研究，得出碳酸钙的热分解受三种机理（即传热、CO_2扩散和化学反应）控制。对于喷钙脱硫中的细$CaCO_3$颗粒分解，由于粒径较小，传热良好的 CO_2扩散阻力小，化学反应是控制分解速率的主要因素。同时在众多的化学反应控速机理中，单步随机成核是化学反应控速的主要机理。并且模型和试验具有较好的一致性。

Dollimore 曾用 Harcourt-Esson 型（简称 $E_{H\text{-}E}$型）速率常数公式 $k=CT^m$代替 Arrhenius 公式 $k=Ae^{-E/RT}$，对 $CaCO_3$热分解反应进行了动力学研究，获得了良好的结果。

Sebbahi，Salous 等人[73]对摩洛哥磷石膏的热力学行为进行了研究，指出了该磷石膏在升温过程中发生的几个转变，以及每一步中磷石膏的失重率，并指出该磷石膏中的 $CaSO_4$并没有含有两个结晶水。

E. M. van der Merwe 等人[74]利用热分析方法对 C 与 $CaSO_4 \cdot 2H_2O$、石膏和磷石膏的反应进行了分析研究，得出，在惰性气氛下分别加热按化学计量组成的碳与纯的硫酸钙、合成石膏、磷石膏，在 700～1100℃之间得到了 CaS，利用不同的加热速率去观察反应，反应 CaS 的生成量是与加热速率密切相关的。并且高的加热速率，将产生更多量的 CaS。通过添加 5% Fe_2O_3 和 5% ZnO 作为催化剂降低反应的温度，同时也降低反应的活化能。活化能值与转化率的关系表明，C 与硫酸钙之间存在复杂的反应，同时还有一些其他的反应发生。

Gruncharov[75]采用热重分析法研究了磷石膏在不同温度下的失重速率，结果表明，在还原性气体介质（1% H_2，10% CO_2，20% H_2O，69% Ar）中和 950～1100℃范围内，温度越高，试样失重速率越大，说明分解速率越快，同时说明了温度是影响磷石膏分解过程的最重要因素，温度越高，化学反应速率常数越大，分解反应也越快，结果如图 3-1 所示。

固体物质的化学动力学研究最常用的方法是热分析法，利用热分析技术来获取动力学参数具有快速、方便的一系列优点，就

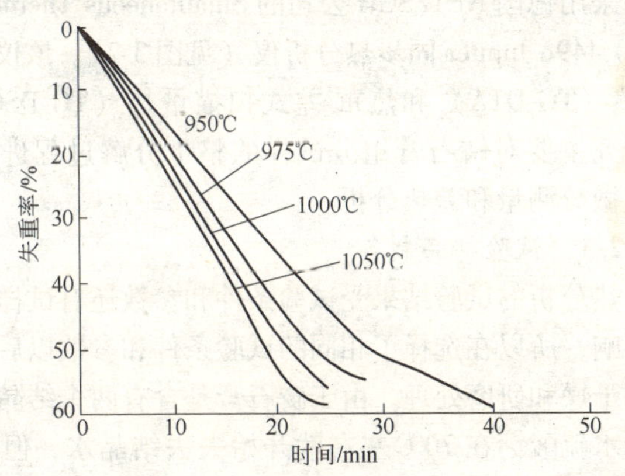

图 3-1　磷石膏分解热重分析曲线
（1% H_2，10% CO_2，20% H_2O，69% Ar）

热重法来讲，用热天平研究反应过程动力学，可以采取两种基本的试验方式——等温过程试验和非等温过程试验，都是在不同温度下等温或非等温的外部条件下检测失重率或转化率 ϕ 与时间 τ 的关系曲线，并通过转换求得相应的动力学参数值。等温是在恒压恒温下测定反应的速率方程及速率常数与速度的关系。在等温实验中，每个温度均需用一个试样。

这与其他常规的等温实验法在原则上没有什么根本的区别，在这里不作介绍。非等温也即动态法是指在线性升温条件下测定转化率 α 随时间 t（或温度 T）的变化。整个过程只需要少量的实验试样，而且能在反应从开始到结束的整个温度区间内连续计算动力学参数，整个温度范围内的失重数据都是用一个试样获得的，可以节省时间并可以同时获得几种信息。但是等温法必须事先把试样升温到一定温度，并有明显的反应时才能进行测量，这样获得的结果往往令人怀疑（因为在出现明显的反应之前，可能试样早已有了反应），而非等温法则无此问题。本试验是采用非等温法研究反应动力学。

3.1.2 试验部分

试验采用德国 NETZSCH 公司的 Simultaneous Thermal Analyzers（STA）449c Jupiter 同步热分析仪（见图3-2）。该仪器可进行热重-差热（TG-DTA）和热重-差式扫描量热（TG-DSC）分析。本试验研究主要对磷石膏组分试样的整个分解过程进行热重测量、热重微分测量和差热分析。

3.1.2.1 试验样品制备

由于热分析的试验结果受试验条件和参数还有试样影响因素选择的影响，所以在选择了相同的试验条件和参数以后，对磷石膏进行了干燥和研磨处理，由于磷石膏是含有两个结晶水的硫酸钙，而二水硫酸钙在70℃左右就开始失去结晶水，但是二水硫酸钙失去结晶水的过程对黄磷尾气与还原分解磷石膏的试验结果没有影响，所以我们没有考虑二水硫酸钙失去结晶水的过程，把

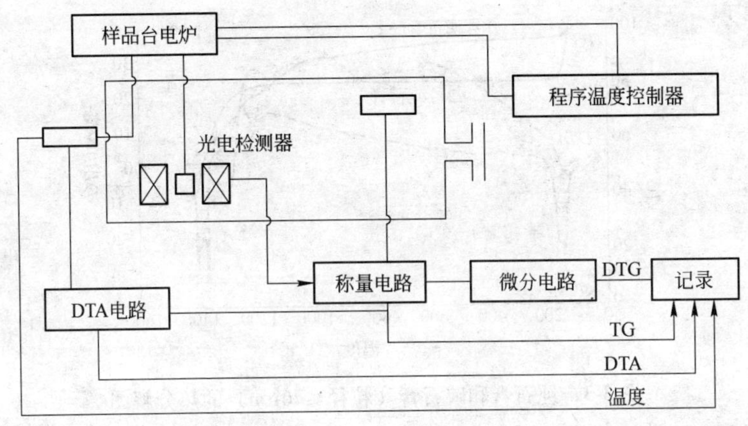

图 3-2 STA 449c Jupiter 同步热分析仪示意图

磷石膏在恒温 95℃ 鼓风干燥箱内进行干燥后，研磨处理到粒径≤76μm，然后进行热分析研究。

3.1.2.2 热分析试验条件

将准备分析的试样放在热分析仪的坩埚中，通以氩气作为保护气体，以一定的速度连续升温，热分析仪开始同时记录试样质量（TG 曲线）与试样在反应过程中的热量（DTA 曲线）随时间和温度的变化。采用的试验条件和测量设置为：

升温速率 10K/min　　测量开始质量 35.92mg
测量微分量程 10mV/min　　差热量程 100μV
测温量程 10mV

3.1.3 试验结果及分析

为了更明确地了解磷石膏所含的杂质对磷石膏热分解过程的影响，我们用纯净的硫酸钙（化学分析纯）与磷石膏样品在相同的试验条件下分别做了一个热分析，试验结果见图 3-3。

从图 3-3 中可知，纯石膏的热分解过程大约分为四个阶段，第一阶段是纯石膏的干燥过程，第二阶段是纯石膏失去结晶水的过程，第三阶段是纯石膏不发生任何反应，重量维持恒定不变的

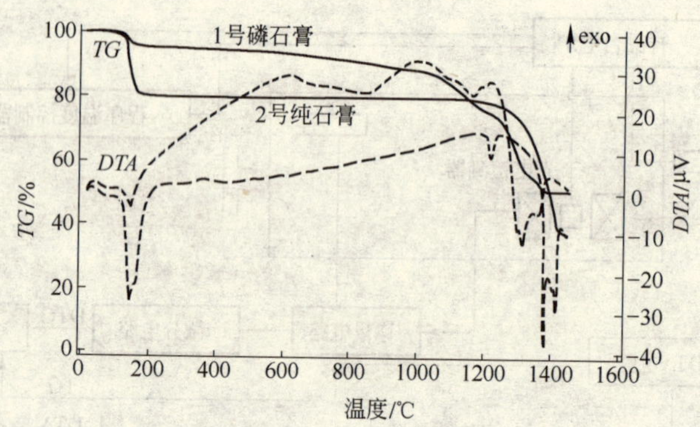

图 3-3　纯石膏和磷石膏（粒径≤76μm）的热分解图

一个阶段，第四阶段是纯石膏中硫酸钙发生熔化与分解反应的过程，从图中可知，纯石膏大约在 1250℃时开始发生分解反应。磷石膏的热分解过程与纯石膏一样大约分为四个阶段，第一阶段是磷石膏的干燥过程，第二阶段是磷石膏失去结晶水的过程，第三阶段是磷石膏慢慢分解的一个过程，也有可能是磷石膏中含有的一些杂质进行分解的过程，第四阶段是磷石膏发生熔化与分解反应的过程。磷石膏在 1000℃左右时，开始发生分解反应，与纯石膏在 1250℃时发生分解相比，起始温度大大降低，分析原因，可能是因为磷石膏含有的杂质促进了磷石膏的分解。

得到热重/差分析仪上磷石膏热分解过程的 *TG* 曲线和 *DTA* 曲线后，对其进行动力学分析。采用热重分析研究反应动力学的过程，常涉及的反应类型有以下几种[70]：

A(固)→B(固)＋C(气)	失重
A(固)＋B(固)→C(固)＋D(气)	失重
A(固)＋B(气)→C(固)	增重
A(固)＋B(气)→C(固)＋D(气)	失重
A(固)或 A(液)→B(气)	失重

CO 还原分解磷石膏的反应类型可认为是 A(固)＋B(气)→C(固)＋D(气)，高硫煤还原分解磷石膏的反应类型可认为是 A

(固)+B(固)→C(固)+D(气)。

在整个反应动力学领域中，研究固态反应的机制与研究气态、液态的情况相比较更为复杂。经过许多人的研究，就目前的认识水平来看，人们通常将固态的反应机制分为以下几大类：（1）扩散控制型；（2）相界反应型；（3）形核长大型；（4）幂定律型；（5）自催化型；（6）化学反应型。

在上述分类中又分为若干种具体的形式与过程。Sestak[76~78]等人还研究了反应动力学过程与各种反应机制之间的关系，见表3-1。

表3-1 常见的气-固反应的机理方程式

函数序号	机 制	积分形式 $F(\alpha)$	微分形式 $f(\alpha)$
1	一维扩散	α^2	$\alpha^{-1}/2$
2	二维扩散(圆柱形对称)	$(1-\alpha)\ln(1-\alpha)+\alpha$	$(-\ln(1-\alpha))^{-1}$
3	三维扩散(球形对称)	$[1-(1-\alpha)^{1/3}]^2$	$\frac{3}{2}(1-\alpha)^{2/3}(1-(1-\alpha)^{1/3})^{-1}$
4	三维扩散(球形对称)	$\left(1-\frac{2}{3}\alpha\right)-(1-\alpha)^{2/3}$	$\frac{3}{2}((1-\alpha)^{-1/3})^{-1}$
5	三维扩散	$((1+\alpha)^{1/3}-1)^2$	$\frac{3}{2}(1+\alpha)^{2/3}((1+\alpha)^{1/3}-1)^{-1}$
6	三维扩散	$((1-\alpha)^{-1/3}-1)^2$	$\frac{3}{2}(1-\alpha)^{4/3}((1-\alpha)^{1/3}-1)^{-1}$
7	形核、长大($n=1$)	$-\ln(1-\alpha)$	$1-\alpha$
8	形核、长大($n=1.5$)	$[-\ln(1-\alpha)]^{1/1.5}$	$\frac{3}{2}(1-\alpha)[-\ln(-\alpha)]^{1/3}$
9	形核、长大($n=2$)	$[-\ln(1-\alpha)]^{1/2}$	$2(1-\alpha)[-\ln(1-\alpha)]^{1/2}$
10	形核、长大($n=3$)	$[-\ln(1-\alpha)]^{1/3}$	$3(1-\alpha)[-\ln(-\alpha)]^{2/3}$
11	形核、长大($n=4$)	$[-\ln(1-\alpha)]^{1/4}$	$4(1-\alpha)[-\ln(1-\alpha)]^{3/4}$
12	相界反应(圆柱形对称)	$1-(1-\alpha)^{1/2}$	$2(1-\alpha)^{1/2}$
13	相界反应(球形对称)	$1-(1-\alpha)^{1/3}$	$3(1-\alpha)^{2/3}$
14	—	α	1
15	化学反应	$(1-\alpha)^{-1/2}-1$	$2(1-\alpha)^{3/2}$
16	化学反应	$(1-\alpha)^{-1}-1$	$(1-\alpha)^2$
17	—	$\frac{3}{2}[1-(1-\alpha)^{2/3}]$	$(1-\alpha)^{1/3}$
18	—	$2[(1-\alpha)^{-1/2}-1]$	$(1-\alpha)^{3/2}$
19	自催化反应	$-\ln(\alpha/(1-\alpha))$	$\alpha(1-\alpha)$

注：序号7~11机制项括号内的$n=1$，1.5，2，3，4值不是$(1-\alpha)^n$式中的n。

表3-1列出了常见的一些固态反应机制以及它们的动力学函数。其中微分形式就是式（3-5）中的$f(\alpha)$；积分形式就是式（3-7）中设定的$F(\alpha)$。

在这19种常见的气-固反应机理研究中，碳酸钙的分解认为符合第7种模型，因为硫酸钙与碳酸钙的分解反应是相似的，这里也简单认为磷石膏的分解比较适合第7种模型。所以我们就以第7种模型进行磷石膏动力学参数的计算。

根据化学反应动力学质量作用定律，磷石膏在热分解过程中质量变化率对时间的导数近似定义为：

$$\frac{d\alpha}{dt} = kf(\alpha) = k(1-\alpha)^n \tag{3-1}$$

式中　k——反应速率常数，在恒温时为常数；

α——反应过程中的转化率；

t——反应时间；

n——反应级数。

根据Arrhenius方程：

$$k = Ae^{-E_a/RT} \tag{3-2}$$

式中　A——频率因子，一般可视为常数；

E_a——活化能；

R——气体常数，8.314J/(K·mol)；

T——反应温度，K。

试样质量变化率α可以由TG曲线求得：

$$\alpha = \frac{\Delta W}{\Delta W_\infty} = \frac{W_0 - W}{W_0 - W_\infty} \tag{3-3}$$

式中　W——时间为t时的质量；

W_0——反应的初始质量；

W_∞——最大失重时的残余质量。

根据试验设定，已知升温速率：

$$\varphi = \frac{dT}{dt} \tag{3-4}$$

式中　φ——升温速率，K/min。

则有：

$$\frac{d\alpha}{dT} = Ae^{-E/RT} \cdot (1-\alpha)^n/\varphi = Ae^{-E/RT} \cdot f(\alpha)/\varphi \tag{3-5}$$

移项、积分，有：

$$\int_0^{\alpha} \frac{d\alpha}{(1-\alpha)^n} dt = \frac{A}{\varphi}\int_{T_0}^{T} e^{-E/RT} dT \tag{3-6}$$

令

$$F(\alpha) = \int_0^{\alpha} \frac{d\alpha}{(1-\alpha)^n} dt = \frac{A}{\varphi}\int_{T_0}^{T} e^{-E/RT} dT \tag{3-7}$$

求解式（3-7）可以采用不同的方法，我们采用 Coast-Redfern 法对式（3-7）进行整理。

左边：

$$\int_0^{\alpha} \frac{d\alpha}{(1-\alpha)^n} dt = \begin{cases} -\ln(1-\alpha) & n = 1 \\ \dfrac{(1-\alpha)^{1-n} - 1}{n-1} & n \neq 1 \end{cases} \tag{3-8}$$

根据 Doyle 近似积分关系：

令

$$y = \frac{E}{RT} \tag{3-9}$$

$$\frac{A}{\varphi}\int_{T_0}^{T} e^{-E/RT} dT = \frac{AE}{\varphi R} P(y) \tag{3-10}$$

$$P(y) = \frac{e^{-y}}{y^2}\left(1 - \frac{2!}{y} + \frac{3!}{y^2} - \frac{4!}{y^3} + \cdots\right) \tag{3-11}$$

把式（3-11）取前两项近似，代入式（3-10）得：

$$\frac{AE}{\varphi R} P(y) = \frac{AE}{\varphi R} \cdot \frac{e^{-E/RT}}{\left(\frac{E}{RT}\right)^2}\left(1 - \frac{2}{\frac{E}{RT}}\right) = \frac{ART^2}{\varphi E}\left[1 - \frac{2RT}{E}\right] e^{-E/RT} \tag{3-12}$$

Ⅰ　当 $n\neq1$ 时

$$\frac{1-(1-\alpha)^{1-n}}{n-1}=\frac{ART^2}{\varphi E}\left[1-\frac{2RT}{E}\right]e^{-E/RT} \tag{3-13}$$

$$\ln\left[\frac{1-(1-\alpha)^{1-n}}{T^2(1-n)}\right]=\ln\frac{AR}{\varphi E}\left[1-\frac{2RT}{E}\right]-\frac{E}{RT} \tag{3-14}$$

Ⅱ　当 $n=1$ 时

$$-\frac{\ln(1-\alpha)}{T^2}=\left[\frac{AR}{\varphi E}\left(1-\frac{2RT}{E}\right)\right]\exp\left(-\frac{E}{RT}\right) \tag{3-15}$$

取对数

$$\ln\left[-\ln\frac{1-\alpha}{T^2}\right]=\ln\left[\frac{AR}{\varphi E}\left(1-\frac{2RT}{E}\right)\right]-\frac{E}{RT} \tag{3-16}$$

令 $a=-\ln\left[\frac{AR}{\varphi E}\left(1-\frac{2RT}{E}\right)\right]$，在本试验温度范围内，可看做常数，再令 $Y=-\ln\left[-\frac{\ln(1-\alpha)}{T^2}\right]$、$b=E/R$ 及 $x=1/T$，

则式（3-16）可改写为

$$Y=a+bx \tag{3-17}$$

式（3-17）为一直线，说明磷石膏热分解转化率 α 和温度 T 的关系呈一条线性很好的直线，b 为直线的斜率，a 为直线的截距；在 TG 曲线上取一点，根据该点的热参数可以求出对应的 Y、x 值，如果多求几对 Y、x 的值，便可作一直线，该直线的斜率和截距即为 b、a，根据 a、b 的值可以很容易的求出活化能 E 和频率因子 A，这样可以为磷石膏分解炉的设计建立动力学模型。

表3-2 与表3-3 分别为磷石膏与纯石膏动力学参数计算结果。从而可得出磷石膏与纯石膏分解的动力学模型。

表3-4与表3-5给出的多段活化能是由于随着温度的增加，

表 3-2　磷石膏热分解动力学参数分析结果

样品	温度段/℃	拟合方程	活化能 /J·mol^{-1}	频率因子 A /min^{-1}	相关系数
磷石膏	30 ~ 100	$Y=22.09x+13.32$	183.6313	944.7152	0.9636
	100 ~ 155	$Y=333.55x+10.41$	2773.1347	35.2933	0.9596
	155 ~ 950	$Y=-559.52x+15.65$	4651.8492	54.8898	0.9801
	950 ~ 1050	$Y=657.98x+14.5$	5470.4457	38.8351	0.9518
	1050 ~ 1230	$Y=4435.4x+10.90$	36875.9156	2.9512	0.9922
	1230 ~ 1450	$Y=18404x-0.22$	153010.8560	0.0042	0.9931

表 3-3　纯石膏热分解动力学参数分析结果

样品	温度段/℃	拟合方程	活化能 /J·mol^{-1}	频率因子 A /min^{-1}	相关系数
纯石膏	53.5 ~ 92	$Y=203.75x+8.02$	1693.98	32.4192	0.9557
	92.5 ~ 120.5	$Y=529.53x+4.54$	4402.51	3.9786	0.9633
	120.5 ~ 160	$Y=1285.4x-2.06$	10686.82	0.0002	0.9459
	167 ~ 1000	$Y=-844.4x+10.58$	7020.51	14.4806	0.9503
	1001 ~ 1241	$Y=-1880x+12.00$	15630.30	8.6935	0.9852
	1242 ~ 1450	$Y=9229.2x+3.14$	76731.57	0.1213	0.9007

磷石膏与纯石膏的分解过程遵循不同的反应机理所致，但不能表示出每个阶段对总反应的贡献，为此 Coming 等人提出了质量平均表观活化能（E_m）的概念：$E_m=F_1E_1+F_2E_2+\cdots+F_nE_n$。式中 $F_1\sim F_n$ 为每个反应区域中所反应的质量百分数。由此得出的磷石膏与纯石膏的活化能列于表 3-4。

表 3-4　磷石膏的表观活化能 E_m

试验样品	温度区间 /℃	反应的质量 /mg	反应的质量分数/%	活化能 /J·mol^{-1}	表观活化能 /J·mol^{-1}
磷石膏	30 ~ 100	0.23	0.64	183.63	41670.02
	100 ~ 155	1.24	3.45	2773.13	

续表 3-4

试验样品	温度区间 /℃	反应的质量 /mg	反应的质量分数/%	活化能 /J·mol⁻¹	表观活化能 /J·mol⁻¹
磷石膏	155~950	2.40	6.69	4651.85	41670.02
	950~1050	0.75	2.09	5470.44	
	1050~1230	4.57	12.73	36875.92	
	1230~1450	8.56	23.82	153010.86	

表 3-5 纯石膏的表观活化能 E_m

试验样品	温度区间 /℃	反应的质量 /mg	反应的质量分数/%	活化能 /J·mol⁻¹	表观活化能 /J·mol⁻¹
纯石膏	53.5~92	0.04	0.14	1693.98	19360.95
	92.5~120.5	0.23	0.81	4402.51	
	120.5~160	4.75	16.43	10686.82	
	167~1000	0.84	2.91	7020.51	
	1001~1241	0.53	1.85	15630.30	
	1242~1450	6.25	21.62	76731.57	

由于化学动力学常用的方法是热天平法，包括静态和动态方法，都是在不同温度下等温或非等温的外部条件下，检测失重率或转化率与时间的关系，并通过转换求得相应的动力学参数值。所以首先采用了热天平分析法。但是上述各种在热天平上进行的试验，对于 $CaSO_4$工业分解动力学的研究，还不能反映真实的情况，其原因主要有两点，一是对于气-固反应来说，颗粒的暴露表面在一定范围内对反应过程具有决定性的影响，因此试样的装载情况至关重要。热天平试样只能是呈堆积态装载于试样容器内。无法反映真实反应能力；二是加热条件与实际反应器有很大区别，无法模拟。为此，除应用热天平进行上述研究之外，还采用自行设计的试验炉进行了各种条件下的试验研究，这将在 3.3 节与 3.4 节中反映出来。

3.2 磷石膏中 $CaSO_4$ 与 $CaCO_3$ 的分解技术比较

石灰石的分解与磷石膏的分解有类似之处，但是又不完全一样，下面对石灰石的分解与磷石膏的分解进行一个比较，见表 3-6。从中可以很明显地看出磷石膏的分解与石灰石分解的相同与不同之处。可以从现行的石灰石分解技术寻找一些分解磷石膏的思路。

表 3-6　$CaSO_4$ 分解技术与 $CaCO_3$ 分解技术的比较

名　称	$CaSO_4$ 分解技术	$CaCO_3$ 分解技术
分解温度（炉温）/℃	>1000	800~900
分解热/$kJ \cdot mol^{-1}$	268	159
气氛要求	弱还原气氛下可促进分解	无特殊要求
分解反应机理	复杂，有主、副反应	较单一
中间产物	CaS	无
气相产物	SO_2、CO_2	CO_2
气相可利用成分要求	SO_2 含量愈高愈好	气体产物未利用，无要求
反应转化率要求	分解率 φ 和脱硫率 Φ	分解率 φ
工业转化率要求	$\varphi = \Phi$ 趋于 99%	$\varphi = 95\%$
反应不完全对后续工序的影响	造成环境污染影响水泥质量	在回转窑内自动补偿

从表 3-6 中可知，磷石膏的分解难度远比普通的石灰石要大得多，不能完全借用石灰的分解炉来进行磷石膏的分解，需要进行深入的研究并解决工业上的一系列实际问题。

3.3 CO 还原分解磷石膏的试验研究

3.3.1 试验用磷石膏的原料分析

3.3.1.1 *磷石膏的物性分析*

磷石膏一般呈粉状，与天然石膏相比带有色质和杂质，外观一般是灰白、灰、灰黄、浅黄、浅绿等色，还含有少量的有机磷、硫、氟类化合物，因此影响其应用[79]，相对密度为 2.22~2.3，密度为 0.73~0.88g/cm^3。不同产地的磷石膏因原料成分差异和生产条件不同，其成分、性质也有很大差异。一般都含有岩石成分 Ca、Mg 的磷酸盐及硅酸盐。

3.3.1.2　磷石膏的晶体结构

磷石膏在偏光显微镜下观察，为粒状、块状、纤维状、羽毛状的晶体。主体为粒状石膏、由粒状石膏再结晶形成的大块石膏以及在二次晶化作用下沿裂缝、空洞形成的纤维状、羽毛状石膏。主要矿物为二次结晶石膏和少量石英，各种矿物镜下的特征详见表3-7。

表3-7　磷石膏的矿物学特征

矿物学特征 / 矿物名称	晶系	形　态	镜下颜色	正交偏光下最高干涉色	解理	突起	含量/%
二次结晶石膏	单斜晶系	纤维状、羽毛状、粒状、块状	无色透明	一级白黄	{010} 解理完全	负突起低	95左右
石　英	三方晶系	短柱状	无色透明	一级灰白		正突起低	2~3

运用扫描电镜观察磷石膏的晶体结构，可发现磷石膏的晶体粗大，均匀而整齐，外形多呈板状，长宽比为 (2 ~ 3) : 1，由于磷石膏这种颗粒特征，加上颗粒分布集中，所以其胶结材流动性很差，水膏比大幅度增加，致使硬化体物理学性能变坏，即使采用高效减水剂，其流动性改善也很有限。如果磷石膏经球磨处理，晶体规则的外形和尺度则遭到破坏，颗粒形貌呈柱状、粒状等多样化。

3.3.1.3　磷石膏的化学成分

试验中所用磷石膏采用云南富瑞化工有限公司渣场的磷石膏，其主要成分分析见表3-8。

表3-8　磷石膏主要化学成分（干基）（质量分数）　%

成分	总 SO_3	CaO	SiO_2	总 P_2O_5	水溶 P_2O_5	总 F	水溶 F	浸出性 F/mg·L^{-1}	Fe_2O_3
含量	33.85	28.52	17.06	5.06	0.47	0.52	0.12	119.48	0.212
成分	Al_2O_3	MgO	Na_2O	K_2O	MnO	游离 H_2O	结晶 H_2O	酸不溶物	pH 值
含量	0.236	0.030	0.043	0.086	0.002	8.52	14.32	19.23	3.11

注：其中游离水以原基计，其余均以干基测定；浸出性 F(mg/L)、pH 值按 GB/T 5555.1 ~15555.11 固体废物浸出毒性测定方法测定。

3.3.1.4 磷石膏的颗粒级配与结构

湿法磷酸生产时对硫酸钙的结晶一般有两个明确的要求：一是晶形稳定，在生产过程中不会发生任何晶形转变，以保证生产操作的正常进行；二是结晶粗大，整齐而均匀，具有良好的过滤和洗涤性能。影响磷石膏结晶速度、晶体大小的主要因素是硫酸钙在磷酸料浆溶液中的过饱和度。其次是晶种的加入、料浆搅拌功率、杂质及添加剂。所以磷石膏颗粒级配和晶形与磷酸生产过程各技术参数的控制有直接的关系。

将磷石膏与天然石膏在95℃烘干后，用不同规格筛测定其粒度分布。其颗粒分配结果见图3-4。由图3-4可知，磷石膏的颗粒呈正态分布，颗粒集中在80~160μm，天然石膏颗粒分布则不如磷石膏集中，较为漫散，主要分布于20~80μm。

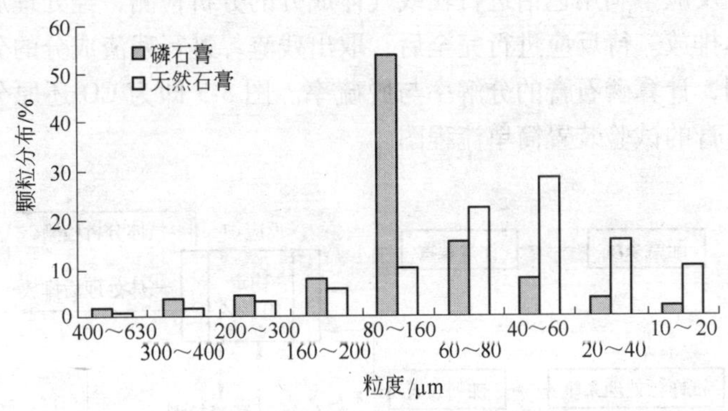

图3-4　磷石膏与天然石膏颗粒分布直方图

3.3.2 试验装置及流程

为了接近实际工况的堆装状态和升温条件，我们首先采用一个管式炉升温到一定的温度，把经过预处理的磷石膏装在瓷方舟中快速送入管式炉中，这种试验具备的特点是:

(1) 物料呈分散状态，可以充分均匀的受热；(2) 试验炉等温（可调）加热，可以快速切换；(3) 炉内气氛可控可调，有利于研究各种气氛状态下磷石膏反应的进程；(4) 气体介质连续稳定的流动，炉内气体流动速度可方便的测出；(5) 固体产物成分可用常规的化学方法检测，数据可靠；(6) 试样可一次性进入高温区，可模拟工业炉的加热情况，使物料快速升温到反应温度。

在前面的热力学研究中，已知反应中 CO 与磷石膏的摩尔比是影响磷石膏分解反应的重要因素，也就是反应气氛是影响磷石膏分解反应的重要因素。另外，反应温度也是重要影响因素。但是粒径在所选温度与气氛范围内没有显著影响。在试验中首先配置合适的反应气成分，经过计量装置后通入已升到指定温度的反应炉内，然后把预处理后的磷石膏经加料装置快速送入反应炉内。反应中利用色谱进行在线气体成分的分析检测，经处理后把气体排放。待反应进行完全后，取出残渣，进行残渣成分的分析检测，计算磷石膏的分解率与脱硫率。图 3-5 即为 CO 还原分解磷石膏的试验装置简单流程图。

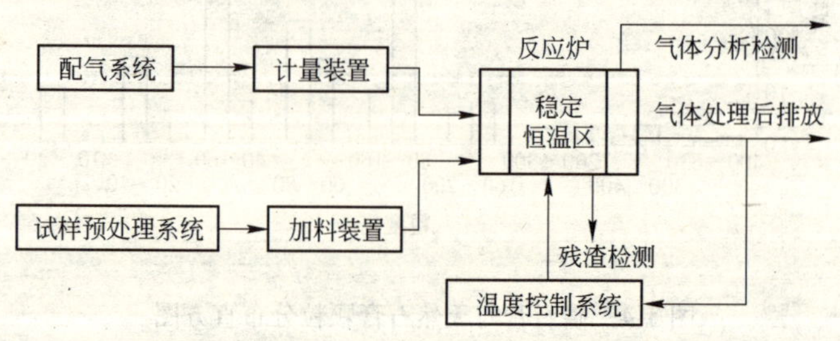

图 3-5　CO 还原分解磷石膏的试验装置简单流程图

3.3.3　磷石膏分解反应程度的判断依据

由于磷石膏的分解存在主、副反应，仅用单一的分解率，难以表达磷石膏分解为 SO_2、CaO 的完全程度，故提出用磷石膏的分解率与脱硫率两个转化率来表示磷石膏分解反应进行的程度。磷石膏分解率与脱硫率的概念及计算方法如下：

磷石膏的分解率指试样中 $CaSO_4$ 已经分解成主副产物 CaO，CaS 的部分占原有 $CaSO_4$ 量（或按残留与分解 $CaSO_4$ 量计）的百分率。

$$分解率\varphi = \frac{(CaO + CaS)相当于 CaSO_4 量}{试样中 CaSO_4 总量} = \left(1 - \frac{残留 CaSO_4 量}{试样中 CaSO_4 量}\right) \times 100\%$$

磷石膏的脱硫率是指磷石膏试样中 $CaSO_4$ 中 S 转化为 SO_2 的百分率。因为磷石膏的利用中，炉气中 SO_2 的浓度是一个影响其利用且能否产生经济效益的重要因素，所以磷石膏脱硫率的高低是直接关系到磷石膏能否利用的关键。

$$脱硫率\Phi = \frac{(脱出的 S 量)相当于 CaSO_4 量}{试样中 CaSO_4 总量} = \left(1 - \frac{(固体产物中残存 S 量)相当于 CaSO_4 量}{试样中 CaSO_4 总量}\right) \times 100\%$$

当磷石膏中 $CaSO_4$ 转化为 CaS 后可以认为 $CaSO_4$ 是分解了，但其中所含的 S 并未脱出进入气相，只有当 $CaSO_4$ 分解了且同时 CaS 趋于 0、$\varphi = \Phi$ 才是工业上理想的反应结果。因此用 φ 与 Φ 不仅可以表达 $CaSO_4$ 分解的程度而且可以表征 CaS 的存在及数量，也才能综合判断生产上达到的水平。对工业分解炉，既不希望残存 $CaSO_4$，也不希望残存 CaS，故 φ 与 Φ 都要很高。

3.3.4 试验结果及讨论

试验中控制反应炉的温度范围在 800 ~ 1200℃，气体成分中经净化过的 CO 的含量大约在 1% ~ 10%，CO_2 的体积分数为 10% ~ 35%，磷石膏的粒径不大于 76μm。

3.3.4.1 温度对磷石膏分解率与脱硫率的影响

在不同的反应气氛下，研究磷石膏分解率随温度的变化。图

3-6 是表示磷石膏分解率随反应温度变化的曲线，从图 3-6 中可以看出，随温度的增加，磷石膏的分解率是不断增加的，在1200℃时达到了最高点，且在不同的气氛下，磷石膏的分解率是不一样的，当还原性气体所占比例比较高，在反应温度为1100℃时，磷石膏的分解比较充分，其分解率达到了 90% 以上，在 1200℃时，各种条件下的磷石膏的分解率全部达到 95% 以上，说明了还原性气体越多，温度越高，则磷石膏分解的越充分。

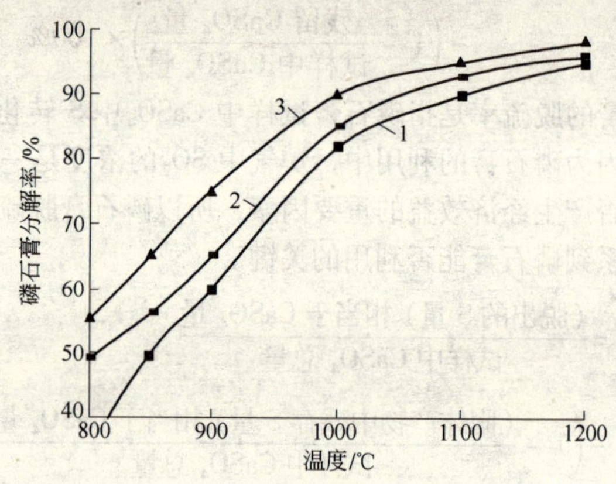

图 3-6　磷石膏分解率随温度的变化曲线

1—$p_{CO}/p_{CO_2}=0.2$；2—$p_{CO}/p_{CO_2}=0.3$；3—$p_{CO}/p_{CO_2}=0.4$

在不同的反应气氛下，研究磷石膏脱硫率随反应温度的变化。图 3-7 是磷石膏脱硫率随反应温度变化的曲线。随着温度的增加，磷石膏的脱硫率也增加，在温度低于 1000℃时，当还原性气体越多时，磷石膏的脱硫率就越高，但是当温度高于1000℃时，还原性气体减少，脱硫率反而越高，这说明以磷石膏的脱硫率来讲，温度与气氛是可以互补的。这一点与我们在热力学研究中所做的分析是不一样的，在热力学分析中，如果还原性的气体越多，磷石膏中 $CaSO_4$ 反应生成的 CaS 就越多，随温度的升高也是这样的，但是实际的试验中可能反应温度比较高，不是从低温开始的，所以高温也有利于磷石膏的分解率与脱硫率达到

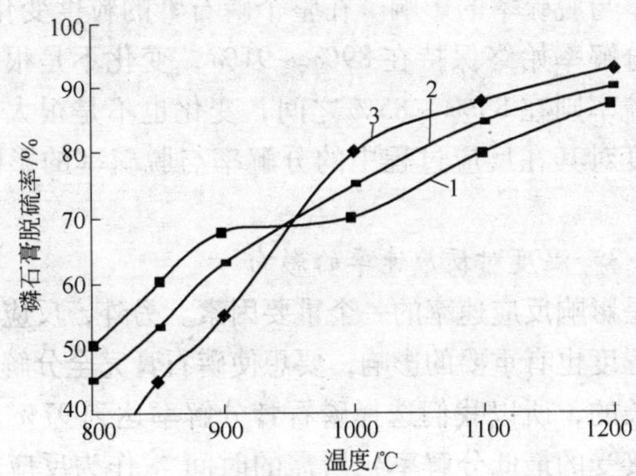

图 3-7　磷石膏脱硫率随温度的变化曲线

1—$p_{CO}/p_{CO_2}=0.4$；2—$p_{CO}/p_{CO_2}=0.3$；3—$p_{CO}/p_{CO_2}=0.2$

最高。如果磷石膏中的 S 转化为 CaS，这时磷石膏中的 S 无法全部转换到气体中生成 SO_2，这对于反应是非常不利的。所以我们应该选择最佳的试验条件来使磷石膏的分解率与脱硫率全部达到最高。

3.3.4.2　粒度对磷石膏分解率与脱硫率的影响

图 3-8 为不同粒度的磷石膏在反应温度为 1000℃时，对磷石

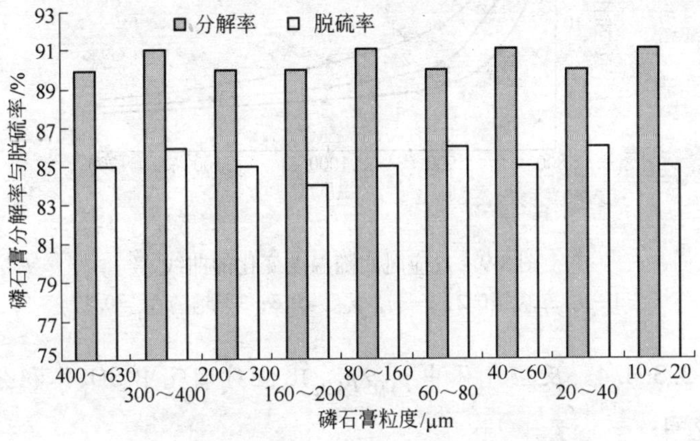

图 3-8　磷石膏粒度对磷石膏分解率与脱硫率的影响

（反应温度 1000℃）

膏的分解率与脱硫率的影响。在整个磷石膏的粒度变化范围内，磷石膏的分解率始终保持在89% ~91%，变化不是很大。而磷石膏的脱硫率则在83% ~85%之间，变化也不是很大，说明磷石膏的粒度对其在反应过程中的分解率与脱硫率的影响不是很大。

3.3.4.3 温度对反应速率的影响

温度是影响反应速率的一个重要因素。另外，反应时间对反应进行的程度也有重要的影响，要想使磷石膏完全分解需要的时间是比较长的，所以我们选择磷石膏分解率达到97%（工业生产中所能接受的最低分解率）所需的时间 τ_e 作为反应速率的比较基准，其结果见图3-9。从图3-9中可知，随着温度的升高，反应时间是逐渐减少的，还原性气体的增加，也有利于反应时间的减少。

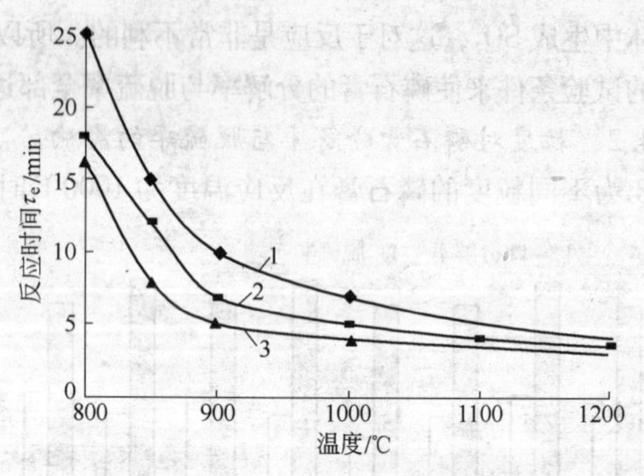

图3-9 反应时间随温度变化的曲线

1—$p_{CO}/p_{CO_2}=0.2$；2—$p_{CO}/p_{CO_2}=0.3$；3—$p_{CO}/p_{CO_2}=0.4$

3.3.4.4 反应气体中 p_{CO}/p_{CO_2} 比值对烟气中 SO_2 体积分数的影响

烟气中 SO_2 的体积分数高低，直接决定了磷石膏再利用的经济性与可行性，而炉内气氛不仅决定了磷石膏的分解率与脱硫率，也决定了烟气中 SO_2 的体积分数，其结果见图 3-10。从图中可知，在弱还原性气氛下，炉气中 SO_2 的体积分数会更高。最高达到了约 6%。

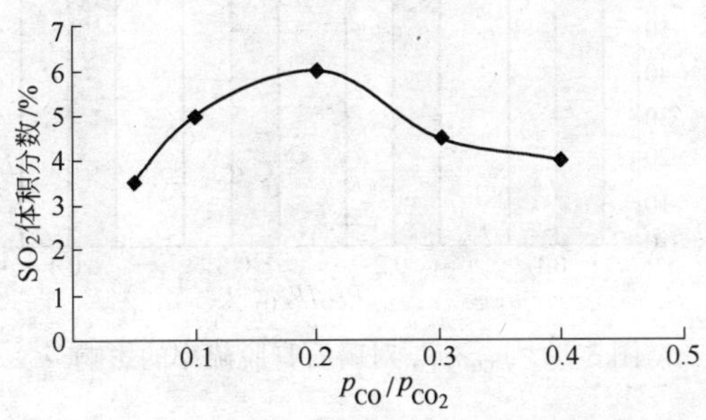

图 3-10　烟气中 SO_2 体积分数随 p_{CO}/p_{CO_2} 比值的变化曲线

3.3.4.5　反应气体中 p_{CO}/p_{CO_2} 对分解率和脱硫率的影响

由图 3-11 和图 3-12 可知，高温（>1000℃）下，磷石膏分解率受 p_{CO}/p_{CO_2} 变化的影响比较小。但是磷石膏的脱硫率受 p_{CO}/p_{CO_2} 变化的影响较大。随着 p_{CO}/p_{CO_2} 的升高，磷石膏的脱硫率反而降低，但是磷石膏的分解率则是增加的。所以 p_{CO}/p_{CO_2} 的影响与温度的影响可以互补，说明磷石膏在弱还原势下分解是较为有利的。

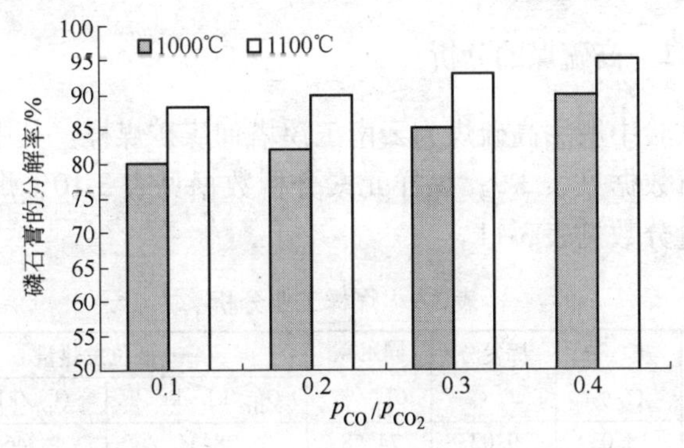

图 3-11　p_{CO}/p_{CO_2} 对磷石膏分解率的影响

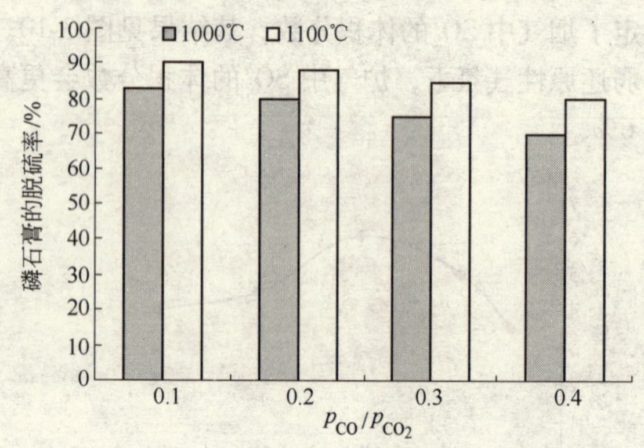

图 3-12　p_{CO}/p_{CO_2}对磷石膏脱硫率的影响

3.4　高硫煤还原分解磷石膏的试验研究

在传统磷石膏提硫联产水泥的生产工艺中，SO_2的体积分数低，且不稳定，这严重影响到后续工艺中SO_2的回收利用，也是磷石膏利用中能否产生经济效益的关键因素，如何提高烟气中SO_2的体积分数及其稳定性在学术界长期以来得不到解决。课题组在前期研究工作的基础上提出了用高硫煤来还原分解磷石膏，这样可以让高硫煤在还原分解磷石膏的同时，使其中的硫燃烧变成SO_2，成为烟气中SO_2的稳定来源，提高了烟气中SO_2的体积分数，同时为我国禁用的高硫煤开发了一个可利用的途径。

3.4.1　高硫煤的分析

本试验中所用高硫煤为云南玉溪塔甸煤矿煤样。其中煤样的工业分析数据见表3-9，煤样元素分析数据见表3-10，煤样化学组成质量分数见表3-11。

表 3-9　煤样工业分析

水　分	灰　分	挥发分	固定碳	低位发热量	
$W^f/\%$	$A^g/\%$	$V^r/\%$	$C^g_{GD}/\%$	$Q^g_{DT}/kJ \cdot kg^{-1}$	$Q^r_{DT}/kJ \cdot kg^{-1}$
1.71	18.03	9.02	74.58	28434	34687.8

注：f 指分析基；g 指干基；r 指可燃基。

表 3-10　煤样元素分析（质量分数） %

C^r	H^r	O^r	N^r	S^r	P^g
88.72	3.43	2.73	1.56	3.56	0.010

表 3-11　煤样（煤灰）化学组成

成　分	SiO_2	Fe_2O_3	Al_2O_3	CaO	MgO	SO_3	TiO_2
质量分数/%	45.10	19.56	22.86	3.38	1.02	2.16	1.14

从表 3-9 中可知，试验所用煤样的热值比较高，因为磷石膏还原分解反应过程中发生的反应是一个吸热反应，这对于反应的进行是有利的。

从表 3-10 中可知，试验所用煤样的硫含量为 3.56%（大于 3%），这对于我们提高炉气中 SO_2 的体积分数是非常有利的，在这一点上，黄磷尾气还原分解磷石膏是无法与高硫煤还原分解磷石膏相比的，这样，高硫煤中的硫也转化成了 SO_2，提高了炉气中 SO_2 的体积分数，有利于 SO_2 的回收。

3.4.2　试验装置及流程

利用高硫煤还原分解磷石膏的试验流程及装置与 CO 还原分解磷石膏是一样的，试验流程与图 3-5 是类似的，去掉配气系统，只要把经过预处理的高硫煤与磷石膏均匀混合后送入反应炉内，反应中检测炉气中 SO_2 的体积分数，反应完全后用化学方法检测固体渣中残余的 $CaSO_4$ 与生成的 CaS 量，以确定磷石膏的分解率与脱硫率，同时进行固体残渣的其他检测，见图 3-13。

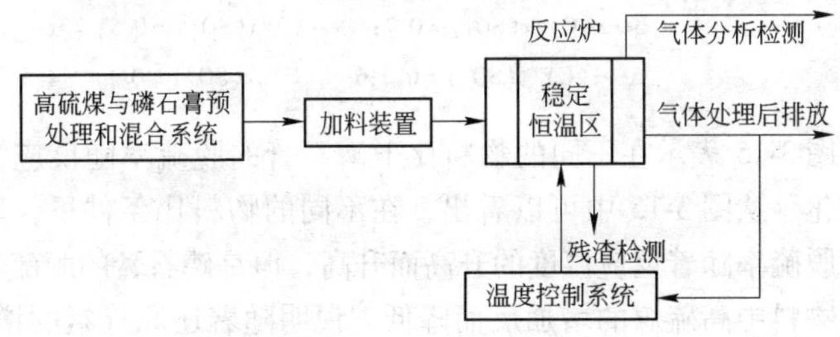

图 3-13　高硫煤还原分解磷石膏的试验工艺流程图

3.4.3　试验结果及讨论

高硫煤与磷石膏反应中，磷石膏分解反应进行的判断依据同3.3.2节。试验中，我们采取分散态的磷石膏与高硫煤的混合物快速升温到指定高温，以保证试验结果更接近实际工况。

3.4.3.1　不同物料比下磷石膏的分解率与脱硫率

图3-14表示在不同的物料比下磷石膏的分解率随反应温度的变化。从图3-14中可知，在不同的物料比下，随着反应温度的升高，磷石膏的分解率增加，同时，随着物料中还原剂高硫煤含量的增加，磷石膏的分解率也是在增加的。说明还原气氛下有利于磷石膏的分解。

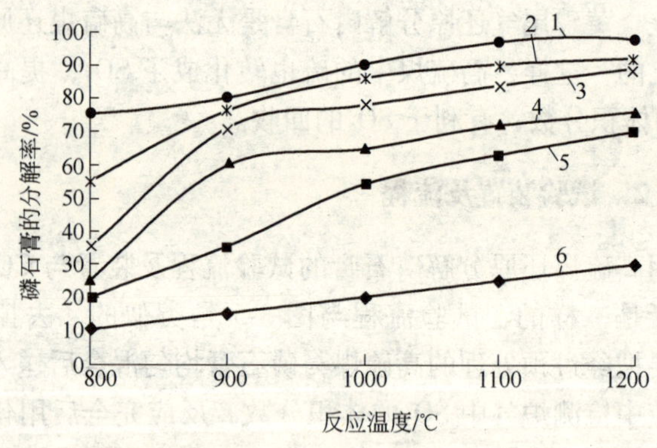

图3-14　在不同的物料比下磷石膏的分解率随反应温度的变化

物料比：1—$x(C)/x(SO_3)=1.4$；2—$x(C)/x(SO_3)=0.8$；

3—$x(C)/x(SO_3)=0.7$；4—$x(C)/x(SO_3)=0.5$；

5—$x(C)/x(SO_3)=0.3$；6—$x(C)/x(SO_3)=0.1$

图3-15表示在不同的物料比下磷石膏的脱硫率随反应温度的变化。从图3-15中可以看出，在不同的物料比条件下，磷石膏的脱硫率随着反应温度的升高而升高，但是磷石膏的脱硫率是随着物料中高硫煤的增加反而降低，说明随着还原气氛的增加，磷石膏的分解率虽然增加，但是其中的硫并没有转化为SO_2，而

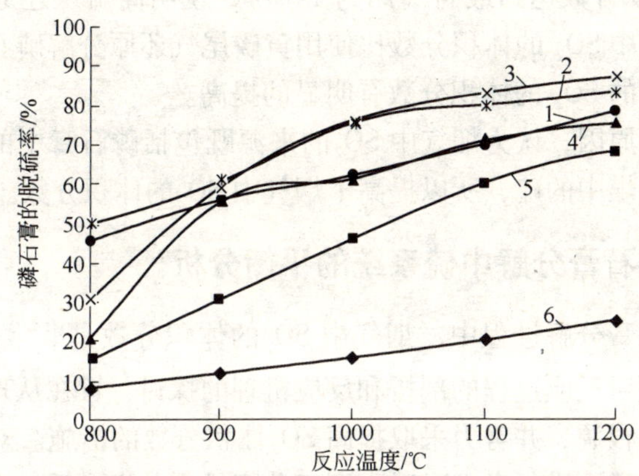

图 3-15　在不同的物料比下磷石膏的脱硫率随反应温度的变化

物料比：1—$x(C)/x(SO_3)=1.4$；2—$x(C)/x(SO_3)=0.8$；

3—$x(C)/x(SO_3)=0.7$；4—$x(C)/x(SO_3)=0.5$；

5—$x(C)/x(SO_3)=0.3$；6—$x(C)/x(SO_3)=0.1$

是转化为固体硫化钙，这样就降低了磷石膏的脱硫率。

3.4.3.2　不同的物料比下烟气中二氧化硫的体积分数

图 3-16 为在反应温度 1100℃下，在不同的物料比下测得的烟气中 SO_2 的体积分数，从图中可知，不同物料比下烟气中 SO_2 的体积分数发生变化，当磷石膏与高硫煤的摩尔比约为 0.7 时，

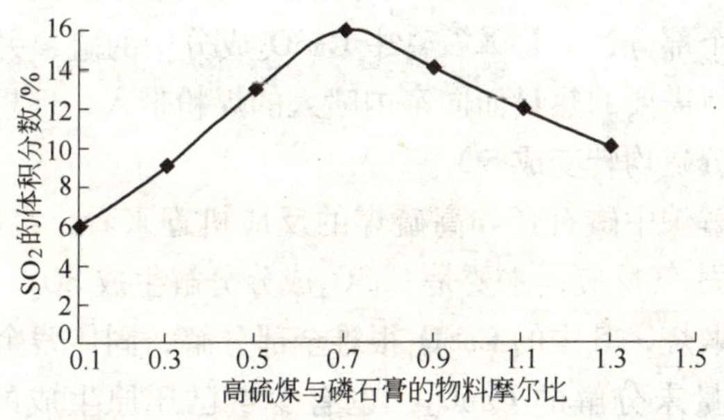

图 3-16　在不同的物料比下烟气中 SO_2 的体积分数

SO_2的体积分数达到最高（约为14%），说明高硫煤还原分解磷石膏烟气中 SO_2 的体积分数比使用黄磷尾气还原分解磷石膏所产生烟气中的 SO_2 的体积分数有明显的提高。

分析原因，认为烟气中 SO_2的来源既包括磷石膏中的硫，也包括高硫煤中的硫，所以提高了烟气中 SO_2的体积分数。

3.5 磷石膏分解中硫系统的平衡分析

磷石膏分解过程中，烟气中 SO_2的体积分数是非常重要的，本书通过对反应过程的剖析和反应机理的探讨，旨在从理论上阐述问题的根源，并努力采取提高 SO_2体积分数的措施。对于磷石膏的氟与磷不进行考虑。磷石膏于分解炉中分解，系统中硫的平衡见图 3-17。

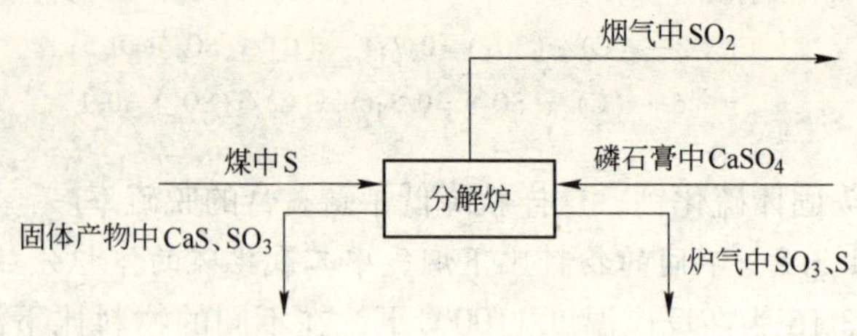

图 3-17　分解炉中系统硫的平衡图

从图 3-17 中可以看出，在分解炉中煅烧磷石膏生料时，硫来源于两个部分，一是磷石膏中 $CaSO_4$成分中的硫，另一个是为提供煅烧所需要的热量而向窑内喷入的煤粉带入。理想的目标是将这两部分硫均转变成 SO_2。

从分解炉中磷石膏和高硫煤的反应机理来看，窑内发生固-固反应和固-气反应，主要是 $CaSO_4$成分分解生成 SO_2。磷石膏在分解炉中煅烧，其中的 $CaSO_4$很难全部分解，固体残余物中总还残存极少量未分解的 $CaSO_4$，也有少量已还原生成的 CaS，此外，烟气飞灰中 SO_3含量一般在 20% ~30%（质量分数），这两部分构成了硫的损失。凡已分解的 $CaSO_4$ 几乎全部生成了 SO_2 气体，从磷石膏的分解过程来看，硫的损失主要是残留在渣中的 $CaSO_4$ 和 CaS，以及窑气夹带出来的飞灰中的 SO_2 含量，所以硫的产出率即是生成 SO_2 气体的硫含量或是带入的硫减去损失的硫。产出率为产出硫与带入硫的比值。

3.6 小结

(1) 磷石膏的热分解过程可以分为四个阶段，第一阶段是磷石膏的干燥过程；第二阶段是磷石膏失去结晶水的过程；第三阶段是磷石膏慢慢分解的过程，也可能是磷石膏中含有的一些杂质进行分解的过程，但是这个分解过程进行得很慢，失重较小；第四阶段是磷石膏发生熔化与分解反应的过程。从图中可知，纯石膏的热分解过程同样可以分为四个阶段，只是第三阶段是纯石膏维持恒定不变的一个阶段，没有失重，也没有发生反应。

(2) 磷石膏大约在 1000℃时，开始发生分解反应，与纯石膏大约在 1250℃时发生分解相比，起始温度大大降低，分析原因，可能是因为磷石膏含有的其他杂质促进了磷石膏的分解。

(3) 随着反应温度的升高，磷石膏的分解率与脱硫率升高，并且在 1200℃达到最高的分解率与脱硫率。同时随着反应温度的升高，磷石膏分解率达到 97% 的反应时间是逐渐减少的，而且还原性气氛增加，反应时间会减少。磷石膏的粒度对磷石膏的分解过程产生的影响很小。

(4) 烟气中 SO_2 的体积分数在弱还原性气氛下达到最高，说明弱还原气氛有利于磷石膏的利用。

(5) 还原性气氛越强，磷石膏的分解率越高，反之，则磷石膏的脱硫率越低，说明磷石膏在弱还原性势下分解是较为有利的。

(6) 利用高硫煤还原分解磷石膏不仅有利于提高烟气中 SO_2 的体积分数，而且还可降低反应温度，也就降低了能耗，有利于磷石膏的有效利用。

4 循环流化床分解磷石膏的冷态试验研究

利用磷石膏提硫联产水泥，是将 $CaSO_4$ 在工业条件下分解成 CaO 和 SO_2 气体，分别作为制水泥和提硫的主要原料，它既能减少环境污染，节约堆放场地，又能综合利用资源。长期以来，该项技术为世界各国所关注。20 世纪中叶，曾有利用中空长回转窑和带立筒预热回转窑生产的实例。但由于技术经济指标不理想，生产控制复杂，烟气中 SO_2 的体积分数不稳定等原因，发展缓慢。本课题组对采用黄磷尾气与高硫煤还原分解磷石膏分别进行了研究，并且在前期研究工作中取得了较好的效果。近年来由于流态化技术和水泥窑外分解技术的发展和对磷石膏分解规律认识的提高，国内外对开发磷石膏流化床分解技术都产生了浓厚的兴趣。这一技术不仅可以大幅度提高产量，降低热耗，稳定操作，而且可相应提高烟气中 SO_2 气体的体积分数。

在前期研究工作的基础上采用循环流化床（Circulating Fludized Bed，简称 CFB）反应器用高硫煤还原分解磷石膏。循环流化床反应器的特点是：炉膛内部强烈的扰动及混合，床温分布比较均匀、随时间的波动小，炉料在炉膛内较长时间的停留，高固体粒子浓度的内循环及外循环，固体/气体滑移速度高及较长的停留时间，物料悬浮稳定，在一定的粒径范围内可克服细粉逸出和粗粉沉落的干扰。这些特点为磷石膏在循环流化床内的分解以及传热提供了良好的外部条件，可以保证磷石膏较高的分解率及脱硫率。循环流化床反应器的运行优化主要是通过一系列的试验来完成的。这些试验主要包括：冷态流化特性试验、反应器热平衡试验、反应器运行优化试验。

磷石膏在循环流化床反应器内的分解过程是在流态化状态下进行的，因此作为反应器内磷石膏分解顺利进行的一个基本条件，必须保证循环流化床反应器内处于良好的流态化状态。在新的循环流化床反应器投运时，可以通过冷态试验来了解、掌握其气、固流动规律，验证和修改设计及运行方案；在反应器运行一段时间或大修后，通过冷态试验可以帮助用户找出反应器设备、运行现状与投运之初存在的差距，以便确定下一步的改进措施。磷石膏在循环流化床反应器内的分解过程极为复杂，热态下测量困难极大，因此冷态试验被认为是省时、省力、效率高、灵活性强、适应于循环流化床反应器现场的一种试验方法。冷态试验通常可用于解决以下问题：

（1）确定炉内流态化是否均匀，包括炉膛、回料器的流化均匀程度；

（2）确定二次风的作用及风速的合理性；

（3）确定回料器返料流动的均匀性及必要的回料风量；

（4）确定给料的均匀性；

（5）确定布风装置的运行状况；

（6）确定流化床冷渣器和外置式流化床热交换器内的流化均匀性以及与炉膛匹配的气-固流动特性；

（7）确定风门挡板的调节特性。

本课题以循环流化床为对象，自行设计并建立了一套冷态试验装置，从不同方面对流化床内部流动进行了试验研究，研究了流化床内两相流动流场的流动现象。并试图开发出一套适合磷石膏分解的循环流化床反应器，研究内循环流化床磷石膏分解的流动特性、传热特性、燃烧分解特性、磷石膏的适应性。

4.1 循环流化床简介

4.1.1 流态化技术的发展

流态化（Fluidization）是指固体颗粒在流化作用下的流动现

象[80]。人类应用流态化技术的历史非常久远，早先的淘金、冶炼，甚至淘米、扬簸等都可看成是流态化技术在生产和生活中的应用[81]。目前公认的流态化技术首次较大规模的工业应用始于1926年德国的Winkler气化炉[82]。1942年，由于第二次世界大战对航空汽油需求的剧增，美国麻省理工学院和美孚石油公司开发出了第一代工业流化催化裂化（Fluid Catalytic Cracking，简称FCC）装置，对石油工业的发展起了很大的推动作用。20世纪40年代中期，美国和加拿大等应用流态化技术进行黄铁矿焙烧和石灰石的煅烧，被视为流态化燃烧技术的开始[83]。近几十年来，流态化技术的发展一日千里，其应用范围日趋广泛，目前已在化工、石油、冶金、制药、动力、环保、材料等领域取得了引人瞩目的成就，广泛应用于化工生产中的气-固相催化反应、煤的气化与焦化、固体燃料的燃烧、物料的干燥、加热与冷却、吸收与浸取、固体物料的输送等，成为一项跨学科发展的新兴技术。

循环流化床（Circulating Fluidized Bed，简称CFB）是一种操作速度较快，并且有大量颗粒返混的流化床，循环流化床具有比传统密相流化床（如鼓泡床、湍动床）更高的气、固接触效率、更为均匀的固体颗粒分布以及极少的气、固返混，因此被广泛应用于工业生产[84]。

4.1.2 循环流化床的工作原理

当流体向上流过颗粒床层时，其运动状态是变化的。流速较低时，颗粒静止不动，流体只在颗粒之间的缝隙中通过。当流速增加到某一速度之后，颗粒不再由分布板所支承，全部由流体的摩擦力所承托。此时，对于单个颗粒来讲，它不再依靠与其他邻近颗粒的接触而维持它的空间位置，相反地，在失去了以前的机械支承后，每个颗粒可在床层中自由运动；就整个床层而言，具有了许多类似流体的性质，这种状态就被称为流态化。颗粒床层从静止状态转变为流态化时的最低速度，称为临界流化速度。

图 4-1 示出了不同气流速度下固体颗粒床层的流动状态，随着气流速度的增加，固体颗粒分别呈现固定床、鼓泡流化床、湍流流化床、快速流化床和气力输送状态。循环流化床的上升段通常运行在快速流化床状态下。快速流态化流体动力特性的形成对循环流化是至关重要的。此时，固体物料被速度大于单颗物料的终端速度的气流所流化，以颗粒团的形式上下运动，产生高度的返混。颗粒团向各个方向运动，而且不断形成和解体。在这种流体状态下，气流还可携带一定数量的大颗粒，尽管其终端速度远大于截面平均气体流动速度。这种气-固运动方式中，存在较大的气-固两相速度差，即相对速度。循环流化床由快速流化床(上升段)、气-固物料分离装置和固体物料回送装置所组成。循环流化床的特点可归纳如下[62]：

(1) 有强烈的物料返混，颗粒团不断形成和解体，并且向各个方向运动；

(2) 颗粒与气体之间的相对速度大，且与床层空隙率和颗粒循环量有关；

(3) 床层压降随流化速度和颗粒的质量流量而变化；

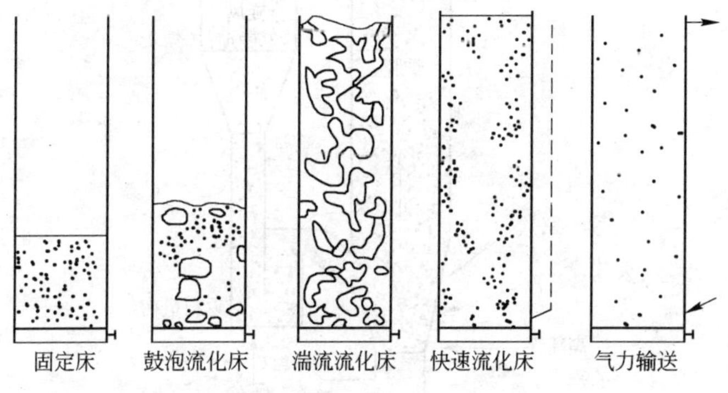

图 4-1　不同气流速度下固体颗粒床层的流动状态

（4）颗粒横向混合良好；

（5）强烈的颗粒返混、颗粒的外部循环和良好的横向混合，使得整个上升段内温度分布均匀；

（6）通过改变上升段内的存料量，固体物料在床内的停留时间可在几分钟到数小时范围内调节；

（7）流化气体的整体性质呈塞状流；

（8）流化气体根据需要可在反应器的不同高度加入。

4.2 循环流化床的工艺计算

4.2.1 循环流化床反应器的结构组成

循环流化床反应器的主要组成部分为炉膛、旋风分离器和回料器（见图4-2）。在炉膛中进行磷石膏的分解，旋风分离器将绝大部分磷石膏固体粒子从气、固两相流中分离出来并通过回料器被重新送回炉膛进行还原分解，加上新入炉的磷石膏和高硫煤，就形成循环流化床反应器的主回路。

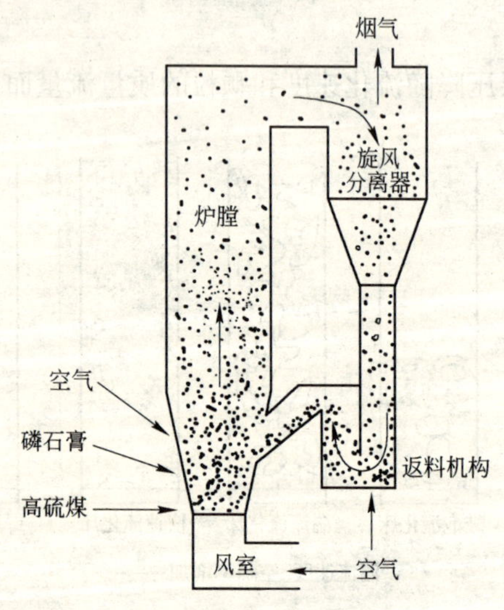

图4-2 循环流化床反应器的结构组成

4.2.2 工艺参数计算

在循环流化床设计中需要确定的主要参数有：临界流化速度也叫初始流化速度或最小流化速度，流化的最大颗粒直径和颗粒悬浮速度等。这些参数的选择和确定对整个设计有着重要意义。

4.2.2.1 临界流化速度

流态化是以流体使固态物质流化的一种操作状态，当气体向上运动所产生的曳力等于固体颗粒的重力时，固体颗粒开始出现流态化现象并形成流化床。通常将床层从固定态转变到流化状态（或沸腾状态）时接近布风板面积（或炉膛截面面积）计算的空气流速称为临界流化速度 u_{mf}，即所谓的最小流化速度。如果不考虑流体和颗粒与流化床反应器内壁之间的摩擦损失，则根据静力学分析，床层压降全部转化为流体对颗粒的曳力，用公式表示为：

$$\Delta p \cdot A_t = (A_t H_{mf})(1 - \varepsilon_{mf})(\rho_p - \rho_f)g \tag{4-1}$$

式中 Δp——压力差；

A_t——床层截面积；

H_{mf}——最小流化床高；

ε_{mf}——最小流化空隙率；

ρ_p——颗粒密度；

ρ_f——空气密度；

g——重力加速度。

由上式可得：

$$\frac{\Delta p}{H_{mf}} = (1 - \varepsilon_{mf})\rho_p g + \varepsilon_{mf}\rho_f g - \rho_f g \tag{4-2}$$

在起始流化的床层中，其空隙率略大于固定床层的空隙率，流化床层呈松散状态。对于随意填充的粒度均匀的颗粒床层，Ergun 得出了计算固体床层压降的半经验公式（Ergun，1949）：

$$\frac{\Delta p}{h_0} = 150\frac{(1-\varepsilon_0)^2}{\varepsilon_0^3}\frac{\mu_g u_{mf}}{(\phi_s d_p)^2} + 1.75\frac{1-\varepsilon_0}{\varepsilon_0^3}\frac{\rho_g u_{mf}^2}{\phi_s d_p} \tag{4-3}$$

式中 h_0——特征长度；

ε_0——颗粒团对壁面的覆盖率；

u_{mf}——床层的表观气速；

ϕ_s——流化颗粒的球形度；

d_p——颗粒粒径；

ρ_g——流化气体密度。

联立公式（4-2）和公式（4-3）求解，可得出临界流化时的表观速度 u_{mf} 的二次方程式：

$$\frac{1.75}{\phi_s \varepsilon_{mf}^3}\left(\frac{\rho_f d_p u_{mf}}{\mu}\right)^2 + 150\frac{(1-\varepsilon_{mf})}{\phi_s^2 \varepsilon_{mf}^3}\frac{\rho_f d_p u_{mf}}{\mu} = \frac{\rho_f d_p^3(\rho_p - \rho_f)g}{\mu^2} \tag{4-4}$$

临界流化速度 u_{mf} 是流化床操作的最低速度，是描述流化床的基本参数之一，是流化床中的一个十分重要的基本参数。确定临界流化速度 u_{mf} 的方法主要有理论计算和试验测定两种。

A　半经验理论计算

临界流化速度 u_{mf} 是当床层压降等于床层颗粒重量时所对应的流体速度，可由上面式（4-4）导出。对上面式子进行联合求解，可以得到简化的 Ergun 经验公式：

引入雷诺临界准数 Re_{mf} 和阿基米德准数 Ar，则式（4-4）可以简化为 Ergun 经验公式：

$$\frac{1.75}{\phi_s \varepsilon_{mf}^3}Re_{mf}^2 + 150\frac{1-\varepsilon_{mf}}{\phi_s^2 \varepsilon_{mf}^3}Re_{mf} = Ar \tag{4-5}$$

式中 $$Re_{mf} = \frac{\rho_f d_p u_{mf}}{\mu},\quad Ar = \frac{\rho_f d_p^3(\rho_p - \rho_f)g}{\mu^2} \tag{4-6}$$

Wen 和 Yu 在总结大量试验数据的基础上发现，对于各种不同的系统式子，有：$\frac{1}{\phi_s \varepsilon_{mf}^3} = 14$，$\frac{1-\varepsilon_{mf}}{\phi_s^2 \varepsilon_{mf}^3} = 11$ 均近似成立，

所以式（4-5）可以简化为：

$$24.5Re_{mf}^2 + 1650Re_{mf} = Ar \tag{4-7}$$

本试验是 CFB 的冷态试验，所以参数的选择都定在 20℃时。空气的密度 $\rho_f = 1.205\text{kg/m}^3$，运动黏度 $\nu = 15 \times 10^{-6}\text{m}^2/\text{s}$，动力黏度 $\mu = 18.08 \times 10^{-6}\text{Pa}\cdot\text{s}$；根据循环流化床反应器排尘颗粒大部分在颗粒的最大粒径 $d_p = 74 \times 10^{-6}\text{m}$ 的情况，所以计算选取物料密度 $\rho_p = 2400\text{kg/m}^3$。

（1）当气流速度很低时，Re 非常小，黏度损失项（式（4-5）中第二项）占主导，可以忽略式（4-7）中的动能损失项（式（4-5）中第一项），可得

$$u_{mf} = \frac{d_p^2(\rho_p - \rho_f)g}{1650\mu} \quad \text{m/s} \quad Re < 20 \tag{4-8}$$

带入相应数据进行计算可得：$u_{mf} = 4.403 \times 10^{-3}\text{m/s}$。

（2）当气流速度较高时，也即雷诺数 Re 比较大时，则相反，左式的第一项动能损失项占主导，而黏滞损失项可以忽略。于是可得：

$$u_{mf} = \sqrt{\frac{d_s(\rho_s - \rho_g)g}{24.5\rho_g}} \quad \text{m/s} \quad Re > 1000 \tag{4-9}$$

带入数据进行计算可得 $u_{mf} = 0.245\text{m/s}$。

（3）当雷诺数介于其间时，临界流化速度为：

$$u_{mf} = \frac{\mu}{d_s\rho_g}(33.7 + \sqrt{1134 + 0.041Ar}) \tag{4-10}$$

带入数据进行计算可得 $u_{mf} = 6.861 \times 10^{-3}\text{m/s}$。

浙江大学根据宽筛分石煤燃料的冷态和热态试验结果，并结合国外流化床的试验数据，提出了如下的准则关系式：

$$Re_{mf} = 0.0882Ar^{0.528} \tag{4-11}$$

式中　$Ar = (2 \sim 700) \times 10^4$

式（4-11）的计算值与实测值的误差在 ±10% 之内。目前在《层状燃烧及沸腾燃烧工业锅炉热力计算方法》标准中得到应用。

对式（4-11）重新整理后，可得到：

$$u_{mf} = 0.294\frac{d_p^{0.584}}{\mu_f^{0.056}\rho_f^{0.472}}(\rho_p - \rho_f)^{0.528} \tag{4-12}$$

从式（4-12）可以看出，临界流化速度不仅与颗粒的粒度和密度有关，还与流化气体的物性参数（密度和黏度）有关，当循环流化床床温变化时，气体的密度和黏度都发生变化，临界流化风速也将发生变化。

将冷态试验数据带入式（4-12）可得到：$u_{mf} = 0.1181\text{m/s}$

由于影响临界流化速度 u_{mf} 的因素很多，条件相同或比较接近的平行试验室是很难实现的，不同学者可以得到不同的试验常数，所以用它只能得到比较粗糙的结果。但是式（4-4）表述了临界流化速度与颗粒和流体物性以及状态之间的定量关系，这是对流化床进行理论分析和建模过程中经常用到的。

B　通过试验测定

确定临界流化速度 u_{mf} 的最好方法是试验测定。降低流速 u 使床层自流化床缓慢的恢复固定床，同时记下相应的气体速度 u 和床层压降 Δp。

对于均匀颗粒组成的床层，当通过床层的气体速度较低时，床层处于固定床状态。随着风速的增加，床层压降成正比例增加，当风速达到一定值时，床层的压降达到最大值 Δp_{max}，该值略高于整个床层的静压，如果继续增加气流速度，固定床会突然“解锁”，床层压降降至床层的静压。此时对应的气流速度即为临界流化速度。当气流速度超过临界流化速度后，床层就会出现膨胀或鼓泡现象，进入流化床状态。进一步增加气流速度，在较宽的范围内。床层的压降几乎维持不变，这与流化床的准流体特性有关。上述从低气流速度上升到高气流速度的压降-流速特性试验称为“上行”试验法。由于初始装入床层时，属于堆积，内部堆积状态差别较大，“上行”试验测得的往往有很大的差别，实际临界流化风速往往采用从高气流速度向低气流速度进行，通常称其为“下行”试验法。

4.2.2.2　流化的最大颗粒粒径 d_p

试验中所测临界流化速度为3m/s，所以取气流速度为3m/s，可得到：

$$d_p = \left[\frac{u_{mf} \cdot 1650\,\mu}{(\rho_p - \rho_f)g}\right]^{0.5} = 1.93 \times 10^{-3} \quad m/s \tag{4-13}$$

4.2.2.3　颗粒悬浮速度 u_t

颗粒在流体中沉降，一开始为加速运动，但由于颗粒与流体间发生了相对运动，摩擦作用使流体对颗粒产生阻力。阻力的方向与颗粒运动的方向相反。速度越大，阻力也就越大。在颗粒沉降一段时间后，当流体对颗粒的阻力等于颗粒的浮重（重力与浮力之差）时，颗粒即以等速降落，这个速度称为颗粒的悬浮速度也即终端速度或自由沉降速度 u_t。由此可以导出单颗粒悬浮速度的计算公式为：

$$u_t = \left[\frac{4}{3}\frac{gd_p(\rho_p - \rho_f)}{\rho_f C_d}\right]^{\frac{1}{2}} \tag{4-14}$$

曳力系数 C_d是雷诺数 Re_t的函数，按 Re_t 的大小可分为三个区域：

滞流区　　$Re_t < 2, C_d = 24/Re_t$;

过渡区　　$Re_t = 2 \sim 500, C_{d0.6} = \frac{18.5}{Re_t}$;

湍流区　　$Re_t = 500 \sim 150000, C_d \approx 0.44$。

带入式（4-14）可得出球形颗粒终端速度的分区解析式：

$$u_t = \frac{g(\rho_p - \rho_f)d_p^2}{18\,\mu} \quad Re_t < 2 \tag{4-15}$$

$$u_t = 0.153\frac{g^{0.71}(\rho_s - \rho_g)^{0.7}d_p^{1.14}}{\rho_f^{0.29}\mu^{0.43}} \quad Re_t = 2 \sim 500 \tag{4-16}$$

$$u_t = 1.74\left[\frac{g(\rho_p - \rho_f)d_p}{\rho_f}\right]^{0.5} \quad Re_t = 500 \sim 150000 \tag{4-17}$$

带入数据可得三个区域颗粒的终端速度：

（1）$Re_t < 2$ 时

$$u_t = \frac{10(2400 - 1.205) \times (74 \times 10^{-6})^2}{18 \times 18.08 \times 10^{-6}} = 0.404 \quad m/s$$

(2) $Re_t = 2 \sim 500$ 时

$$u_t = 0.153 \times \frac{10^{0.71}(2400 - 1.205)^{0.7} \times (74 \times 10^{-6})^{1.14}}{1.205^{0.29} \times (18.08 \times 10^{-6})^{0.43}} = 0.369 \quad m/s$$

(3) $Re_t = 500 \sim 150000$ 时

$$u_t = 1.74 \times \left[\frac{10(2400 - 1.205) \times 74 \times 10^{-6}}{1.205}\right]^{0.5} = 2.112 \quad m/s$$

对于非球形颗粒，计算颗粒终端速度 u_t时，还应该做相应的修正。实际上，如果供给床层一定量的颗粒，当气体流动速度大于颗粒的终端速度 u_t时，流化床内总能维持一定厚度的浓稠颗粒的床层。这是因为床层颗粒是由一定宽度范围粒径的颗粒组成存在并保持一定量的颗粒团，颗粒团的当量直径比颗粒的直径大得多，流化气速不会超过这些颗粒团的终端速度。这个参数的计算主要是为以后输送速度的选择提供参考。

4.3 循环流化床内气、固两相流冷态试验研究

循环流化床气、固两相流体动力特性的研究是循环流化床研究的重要方面。因为流体动力特性决定着装置的运行风速及变工况极限、辅机的能耗、炉内传热量、温度分布、床内存料量情况和受热面磨损等。鉴于流体动力特性的重要性，从 19 世纪 70 年代以来，在循环流态化气、固两相流动规律，诸如颗粒聚集行为、颗粒速度分布、床层空隙率分布、气体速度分布、颗粒流率及气、固混合等性能方面进行了大量的研究。但循环流化床的气、固两相流体动力特性是十分复杂的，它不仅取决于流化风速、固体颗粒循环流率和气固物性，而且受设备的结构尺寸(包括床径、床高、进出口结构等)、运行参数（如温度、压力）等的影响。对循环流化床流体动力特性的研究尽管取得了很大的进展，但仍然有许多问题尚待解决，这就阻碍了对循环流化床反

应器的设计和运行的优化。良好的流体动力特性是合理设计循环流化床反应器的基础，因而对床内流体动力特性的研究具有非常重要的意义。

本节在自行设计的一套循环流化床反应器简单模型试验台上进行冷态试验研究，旨在研究循环流化床反应器炉膛内的气、固两相流动特性。

4.3.1 试验流程

如图 4-3 所示，物料通过加料点 1 加入到布风板上面，风由风机通过管道 2 送入风室 3，物料和风在炉膛 4 内进行复杂的气、固两相流动，磷石膏发生分解，未分解及细小的颗粒和烟气

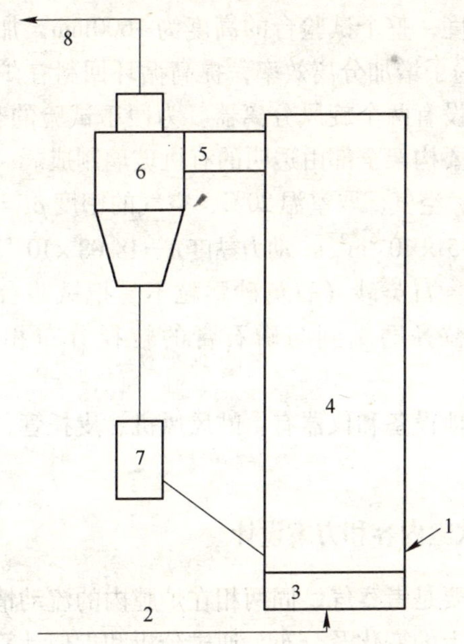

图 4-3 冷态试验流程图

1—加料点；2—通风管道；3—风室；4—炉膛；5—切向入口；6—旋风分离器；7—流通密封阀；8—烟气流向后尾烟道

出水平烟道后通过切向入口 5 进入旋风分离器 6，并在旋风分离器内进行气-固分离（一般认为，在旋风分离器内，碳颗粒浓度较低，磷石膏不发生分解），被分离下来的微粒经过流通密封阀 7 进入炉膛内部继续循环、流化、分解，旋风分离器出来的烟气经过后尾烟道流出，并把热量传递给各受热面。进行整个系统的试验是比较复杂的，同时，旋风分离器的试验可单独进行，所以本试验只针对提升管段密相区进行试验研究。整个冷态试验流程如图 4-3 所示。

4.3.2 试验装置与试验介质

本试验台是循环流化床反应器气、固流动的简化模型。气、固两相流在炉膛内的流程（从布风板到炉膛出口）为 1500mm，加上风室的高度，整个试验台的高度为 1600mm，加上支架，接近 2000mm。为了增加分离效率，提高循环回料在炉膛内的均匀分布，本试验设有两个旋风分离器。为便于试验的观察和测量，本试验台的主要构架全部由透明的有机玻璃制成。

气相介质：空气，取室温 20℃，空气的密度 $\rho_g = 1.205\text{kg/m}^3$，运动黏度 $\nu = 15 \times 10^{-6}\text{m}^2/\text{s}$，动力黏度 $\mu = 18.08 \times 10^{-6}\text{Pa}\cdot\text{s}$；

固相介质：石英砂（石英砂颗粒不易把试验台弄脏，便于观察试验），粒径磨细到与磷石膏的粒径分布相似、密度为 1800kg/m^3；

试验的其他设备和仪器有：鼓风风机、皮托管、微压计、转子流量计等。

4.3.3 试验内容和方案设计

本试验主要是考察气、固两相在炉膛内的流动情况，研究压差在炉膛高度上的变化及分布、通过分析和近似计算来研究固体浓度沿轴向方向上的分布，最后得出在炉膛内固体浓度分布的情况。试验的一般方法是，在沿炉膛 1500mm 高度上布测 15 个点，原则上布测点越多越精确，但根据实际情况布孔太多，会使炉膛漏风更多导致误差增大。以布风板表面上第一个测试孔所在的面为参考面，15 个面的高度分别为：135mm、230mm、325mm、420mm、515mm、610mm、705mm、800mm、895mm、990mm、1085mm、1180mm、1275mm、1370mm、1460mm。实际测孔的个数为 15 个，得到 14 个测试压差数据。为了能更真实的反映整个炉膛的流动情况，要求在最短的时间内读出各个点的数值。

4.3.4 试验数据的分析和处理方法

4.3.4.1 空隙率的求解公式

空隙率是用来表征流化床内各处的颗粒浓度。由于气、固两相在炉膛内的流动相当复杂，许多问题都需要分析、简化后才能进行实际的试验研究。本试验也遵循这个研究思路，不考虑流体和颗粒与炉膛壁之间的摩擦力，根据静力分析，床层压降全部转化为流体对颗粒的曳力，以托起该层颗粒，用公式表示为：

$$\Delta p \cdot A_{\mathrm{f}} = (A_{\mathrm{f}} \cdot H)\left[(1-\varepsilon)\rho_{\mathrm{s}} g + \varepsilon \rho_{\mathrm{g}} g - \rho_{\mathrm{g}} g\right] \quad (4\text{-}18)$$

式中 A_{f}——炉膛床层的横截面积；

H——床层高度；

ε——床层的空隙率；

ρ_{g}——气体密度；

ρ_{s}——固体颗粒密度。

可以解得关于 ε 的表达式：

$$\varepsilon = \frac{\rho_{\mathrm{s}} - \dfrac{\Delta p}{gH}}{\rho_{\mathrm{s}} - \rho_{g}} \quad (4\text{-}19)$$

实际计算时要用到的公式为：

$$\varepsilon_i = \frac{\rho_{\mathrm{s}} - \dfrac{\Delta p_i}{g\Delta H_i}}{\rho_{\mathrm{s}} - \rho_{\mathrm{g}}} \quad (4\text{-}20)$$

4.3.4.2　空隙率不均匀性的表示方法

将每一个高度区间 H_i 上对应的空隙率 ε_i 在整个炉膛高度上进行平均，可以得到总体平均空隙率在某种工况下的期望值或叫均值 $\bar{\varepsilon}$：

$$\bar{\varepsilon} = \sum_{i=1}^{n} k_i \varepsilon_i \tag{4-21}$$

$$k_i = \frac{H_i}{H} \tag{4-22}$$

式中　$\bar{\varepsilon}$——空隙率在整个炉膛高度上的期望值或者均值；

k_i——H_i 所占整个高度上的比例；

ε_i——根据公式（4-22）所求的第 i 段高度上的空隙率。

由此可以用变形的方差或均方差来表示炉膛内气相或固相分布的特性：

$$\sigma_{(\varepsilon)} = \sqrt{\frac{1}{n} \sum_{i=1}^{n} \left(\frac{\varepsilon_i - \bar{\varepsilon}}{\bar{\varepsilon}} \right)^2} \tag{4-23}$$

此公式可以分别求出试验各种工况下，固相颗粒分布不均匀性的数值，用于试验的比较和分析。此公式的物理意义为：当 $n \to \infty$ 时，ε_i 相当于是第 i 个高度截面上的颗粒浓度，$\sigma_{(\varepsilon)}$ 就表示每个截面上的颗粒浓度与整个炉膛内颗粒浓度相比较，得出的方差；当 $\sigma_{(\varepsilon)}$ 越大时，表明颗粒浓度不均匀性越大，整个炉膛内将出现颗粒浓度稀稠十分不均匀的现象；当 $\sigma_{(\varepsilon)}$ 越小时，表明颗粒浓度不均匀性越小，整个炉膛内的颗粒分布比较均匀，稀相区和浓相区的颗粒浓度相差比较小。

4.3.5　试验结果的分析和讨论

4.3.5.1　沿炉膛高度压降分布

压力和压降是循环流化床反应器运行的重要参数，它们能直接或间接地反映出床内固体颗粒的浓度、加速度、气泡行为和颗粒聚团行为。许多循环流化床反应器运行中将压降作为控制参数，来调节循环流化床反应器的负荷、性能等。所以压降的变化规律有必要进行研究。本节通过两个主要影响因素（风量和加料量）研究其变化规律。

A　风量改变对压降沿炉膛高度分布的影响

主要测试各个测试面和基准面之间的压差变化。三次加入物料量都固定在 1.5kg，风的流量分别为：400m³/h，700m³/h，1000m³/h，对应流速分别为：0.9845m/s，2.3496m/s，4.9719m/s。测试结果如图 4-4 所示。

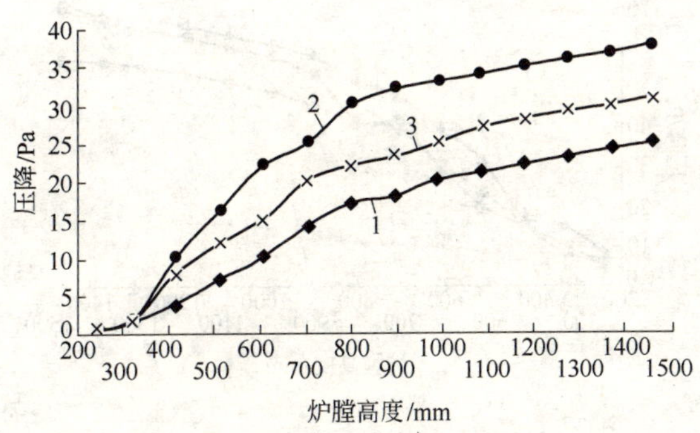

图 4-4　风流量改变对压降沿炉膛高度分布的影响

（反应条件：床料量 1.5g）

风流量：1—400m³/h；2—700m³/h；3—1000m³/h

通过图 4-4 可以看出，物料量不变，风流量从 400m³/h 增加到 700m³/h 的过程中，同一高度截面上的压降是增加的，而在其继续增加到 1000m³/h 的过程中压降反而减小。分析原因，当风流量增大时，风速随着增加，流化床处于由鼓泡流态化向湍流流态化状态转变的过程中，于是流化的颗粒量增加，同一高度截面上的颗粒重量增加，所需托起颗粒的曳力也增加，压差也自然增加；但是，随着风流量的继续增大，当其增大到 1000m³/h，即颗粒速度增大到 4.9719m/s 时，流化床转变为快速流态化，于是颗粒的速度也会增加，那么颗粒就会变稀，浓度减小，所需托起颗粒的曳力也减小，所以压差也减小。分析单个曲线，并通过试验数据的计算可知，在炉膛的下半部分压差变化率极端剧烈，而在上面则比较平缓甚至会趋于稳定。

B 物料量改变对压降沿炉膛高度分布的影响

主要测试各个测试面和基准面之间的压差变化。当风的流量固定在 700m³/h，物料量的变化为 1.5kg、2.5kg、3.5kg 时，测试结果如图 4-5 所示。

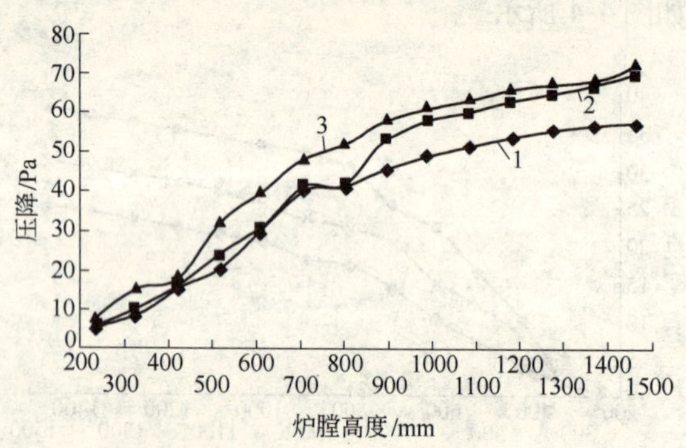

图 4-5 物料量改变对压降沿炉膛高度分布的影响

（反应条件：风流量 700m³/h）

物料量：1—1.5kg；2—2.5kg；3—3.5kg

通过图 4-5 可以看出，当把风的流量固定在 700m³/h，风量不变时，压差基本上是随物料量的增大而增大的，分析原因，风量固定，物料量增加，颗粒被流化的几率就增加，曳力增加，所以压差也基本增加。分析单个曲线，并通过试验数据的计算可以得出：在炉膛的下半部分压差变化率极端剧烈，而在上面则比较平缓，这与试验观察到的现象相似。

C 压降和各因素之间关系的分析研究和计算

压降沿炉膛高度分布与各种因素有关，本研究只简单研究了压降与物料加入量、风流量、炉膛高度等因素之间的关系，为了说明问题，首先对压降与各个因素之间的关系进行分析和研究。

将压降与各因素之间的关系写成幂函数的形式，为：

$$\Delta p = k m_s^a \rho_s^b d_s^c \rho_g^d \mu_g^e u_g^f D^g H^h \tag{4-24}$$

式中 m_s——固体颗粒质量；

ρ_s——固体密度；

d_s——固体颗粒直径；

ρ_g——气体密度；

μ_g——动力黏度；

u_g——速度；

D——炉膛截面积；

H——炉膛密度；

k、$a \sim h$——待求量，用无因次分析[151,152]的方法研究计算，各物理量的量纲为：$\dim\Delta p = ML^{-1}T^{-2}$、$\dim m_s = M$、$\dim\rho_s = ML^{-3}$、$\dim d = L$、$\dim\mu = ML^{-1}T^{-1}$、$\dim u = LT^{-1}$、$\dim D = L$、$\dim H = L$。

将各物理量的量纲代入上式可以得到：

$$ML^{-1}T^{-2} = M^{a+b+d+e}L^{-3b+c-3d-e+f+g+h}T^{-e-f} \tag{4-25}$$

根据量纲一次性原则可以得到：

$$\begin{cases} a + b + d + e = 1 \\ -3b + c - 3d - e + f + g + h = -2 \\ -e - f = -2 \end{cases} \tag{4-26}$$

这里有8个未知数3个方程，显然无法求解，为了求解以及回归分析的简便起见，根据他们的关系用其中的5个变量表示其中的3个变量。于是，通过求解上述的三个方程组可以得到：

$$\begin{cases} d = 2a - b + c + g + h + 1 \\ f = 3a + c + g + h + 2 \\ e = -(3a + c + g + h) \end{cases} \tag{4-27}$$

将这三个变量带入式子，化简后可以得到

$$\Delta p = k(m_s\rho_g^2\mu_g^{-3}u_g^3)^a(\rho_s\rho_g^{-1})^b(d_s\mu_g^{-1}u_g)^c$$

$$(\rho_g u_g \mu_g^{-1} D)^g(\rho_g \mu_g^{-1} u_g H)^h \rho_g u_g^2 \qquad (4\text{-}28)$$

即：
$$\frac{\Delta p}{\rho_g u_g^2} = k(m_s\rho_g^2 u_g^3/\mu_g^3)^a(\rho_s/\rho_g)^b(\rho_g d_s u_g/\mu_g)^c$$

$$(\rho_g u_g D/\mu_g)^g(\rho_g u_g H/\mu_g)^h \qquad (4\text{-}29)$$

为了便于回归分析，将上式两边取对数，线性化得：

$$\ln\frac{\Delta p}{\rho_g u_g^2} = \ln k + a\ln\frac{m_s\rho_g^2 u_g^3}{\mu_g^3} + b\ln\frac{\rho_s}{\rho_g} + c\ln\frac{\rho_g d_s u_g}{\mu_g} +$$

$$g\ln\frac{\rho_g u_g D}{\mu_g} + h\ln\frac{\rho_g u_g H}{\mu_g} \qquad (4\text{-}30)$$

对试验所得数据进行回归分析，计算可得：$\ln k = -9.4721$，$a = -0.0005$，$b = 0.0001$，$c = 0.0012$，$g = 0.0045$，$h = 3.124$。为了知道哪个变量对模型的贡献大，要计算其标准化回归系数。经计算可得出：各个系数的标准化回归系数为：0.0123、0.1347、0.4561、0.1423、0.5256，由此可以看出，最后一项的标准化回归系数比较大，说明最后一项对该线性回归模型的贡献较大。将各个系数带入上式可以得到：

$$\ln\frac{\Delta p}{\rho_g u_g^2} = -9.4721 - 0.0005\ln\frac{m_s\rho_g^2 u_g^3}{\mu_g^3} + 0.0001\ln\frac{\rho_s}{\rho_g} +$$

$$0.0012\ln\frac{\rho_g d_s u_g}{\mu_g} + 0.0045\ln\frac{\rho_g u_g D}{\mu_g} + 3.124\ln\frac{\rho_g u_g H}{\mu_g} \qquad (4\text{-}31)$$

4.3.5.2 沿炉膛高度固体颗粒浓度分布

在气、固两相流动的研究中，固体颗粒浓度的研究历来是关注的重点。同样，在循环流化床反应器的运行中，固相含量的研究也是至关重要的，它影响到磷石膏分解的稳定性、炉内受热面的布置以及磨损等问题，同时，床内的两相流动又比较复杂，颗粒浓度的测试难度也比较大，所以本文通过简化公式计算颗粒浓度，来分析风量改变和加料量改变对它的影响，运用公式(4-20)，依据前面的测试数据进行计算。

A　风量改变对固体颗粒浓度沿炉膛高度分布的影响

根据前面测试的数据，采用公式（4-21），计算得出截面的平均颗粒浓度，结果如图 4-6 所示。当把加入物料量固定在 1.5kg，风流量从 400m³/h 增加到 700m³/h 时颗粒浓度显然是增大的，分析原因，随风量的增加，流化床由鼓泡床向湍动床转化过程中，被流化的颗粒数量是不断增加的，于是颗粒浓度增大；风流量继续增大到 1000m³/h 时，浓度反而急剧减小，分析原因，风流量继续增大，即风速增大到 4.9719m/s 时，导致颗粒浓度继续增大，于是颗粒进入快速流态化状态，颗粒浓度就会急剧减小并几乎接近于零。对单个曲线分析可以看出，在最高处也即炉膛的出口处，浓度也有增大的趋势，分析原因，这可能与试验台的设计有关，本试验台设计时，其炉膛顶盖的设计采用了气垫 T 形弯头出口结构，这种出口是一种强制型出口结构，使正在向上运动的小颗粒，突然改变运动方向，这就减缓了颗粒速度，使其在出口处的浓度有增大的趋势。

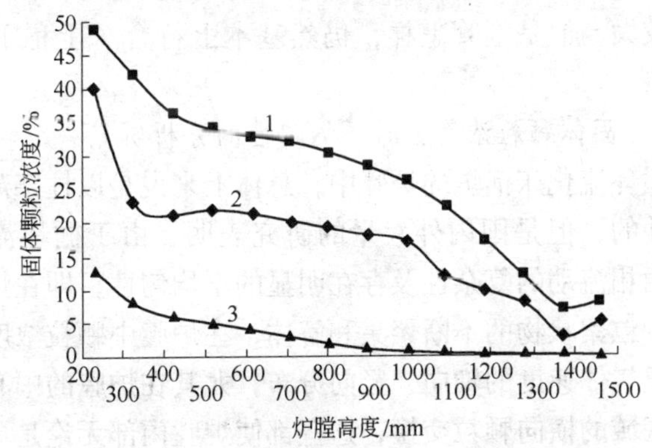

图 4-6　风量改变对固体颗粒浓度沿炉膛高度分布的影响

（反应条件：床料量 1.5g）

风流量：1—700m³/h；2—400m³/h；3—1000m³/h

B　物料量改变对固体颗粒浓度沿炉膛高度分布的影响

本节根据前面的测试数据，采用公式（4-21），计算得出截面的平均颗粒浓度，结果如图4-7所示。

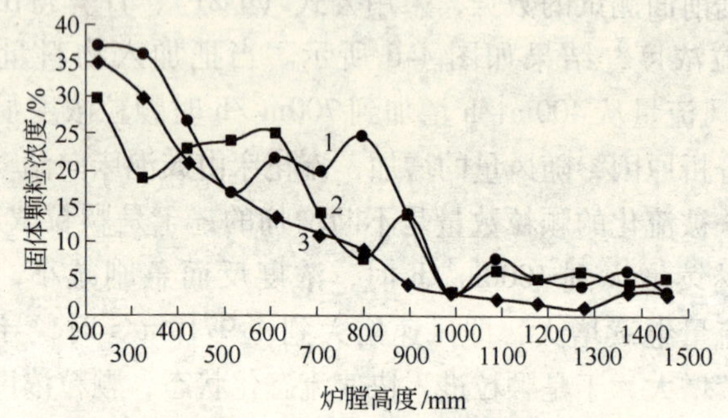

图4-7　物料量改变对固体颗粒浓度沿炉膛高度分布的影响

（反应条件：风流量700m³/h）

物料量：1—3.5kg；2—2.5kg；3—1.5kg

从图4-7可以看出，风流量固定，随物料量的增加，平均颗粒浓度基本上是增加的，分析原因，物料量增加颗粒被流化的几率就增大。但是，我们还可以看出，增大颗粒量时，颗粒浓度的波动比较大。但是不管怎样，仍然基本上符合“上稀下浓”的分布特点。

C　对固体颗粒浓度分布不均匀性的分析研究

在循环流化床锅炉的炉膛中，总体上来说是以柱塞流的形式向上运动的，但是国内外大量的研究表明，由于循环流化床内气、固两相流动的复杂性及存在明显的不均匀性，即在炉膛的局部存在颗粒絮状物的不断聚集和解体，在炉膛中颗粒浓度、颗粒速度以及气体速度的轴向、径向分布，尤其在炉膛的中心区、近壁区等区域的横向颗粒交换，这些都使炉膛内部无论是局部还是整体上都存在着明显的混合及混合的不均匀性。历年来，很少有人对由于上述原因，造成固体颗粒浓度在炉膛内分布的不均匀性进行较好的描述与分析，本节基于数学上方差（均方差）的概念，对固体颗粒浓度在炉膛内分布的不均匀性进行描述和计算，并分析了风量改变和加料量的改变对固体颗粒浓度分布不均匀性的影响。为循环流化床反应器的运行和燃烧控制提供参考。公式的分析和给出参照 4. 3. 4 节。

a　风量改变对固体浓度分布不均匀性的影响

当颗粒量固定在 1. 5kg 不变，风的流量在 400m³/h，550m³/h，700m³/h，850m³/h，1000m³/h 变化时，经过公式（4-23）计算可以得到图 4-8。图 4-8 表示固体颗粒浓度不均匀性与风流量改变之间的关系。

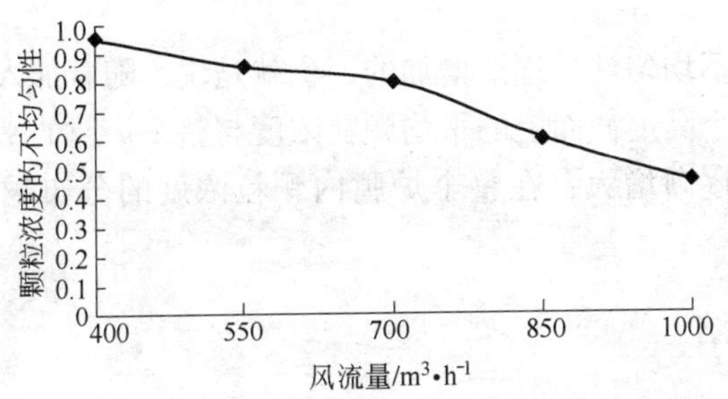

图 4-8　风流量改变对颗粒浓度不均匀性的影响
（床料量 1. 5kg）

通过计算结果可以看出，物料量不变，随风流量的增加，颗粒浓度的不均匀性是逐渐减小的，也就是说，随风流量的增加，每个高度截面上的平均颗粒浓度与整个炉膛的平均颗粒浓度之偏差是逐渐减小的，在整个炉膛内颗粒浓度的分布趋于均匀。

b　物料量改变对颗粒浓度分布不均匀性的影响

当风流量固定在 700m³/h，物料量在 1. 5kg、2kg、2. 5kg、3kg、3. 5kg 变化时，根据前面推导的公式（4-23）进行计算可以得到图 4-9。图 4-9 表示颗粒浓度轴向分布不均匀性与初始物料量之间的关系。

通过计算结果可以看出，风流量不变，随物料量的增加，颗

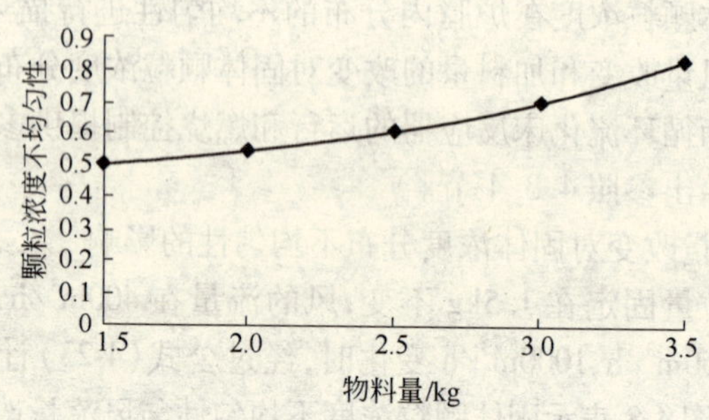

图 4-9　物料量改变对颗粒浓度不均匀性的影响

（风流量 700m^3/h）

粒浓度的不均匀性是逐渐增加的，也就是说，随着加入物料量的增加，每个高度截面上的平均颗粒浓度与整个炉膛的平均颗粒浓度之偏差逐渐增大，在整个炉膛内颗粒浓度的分布越来越不均匀。

4.4　小结

冷态试验研究表明：

（1）在同一高度截面上，炉膛内压差是随风流量的增加而增加的，但是当风流量增大到使流型发生变化时，就会使其在同一截面上减小，同时，炉膛内压差随物料量的增加是逐渐增加的；

（2）在同一截面上，平均颗粒浓度随风流量的增大而逐渐减小，随物料量的逐渐增加而增加；

（3）基于数学上均方差的概念提出了一种新的公式，用来表征固相含量在炉膛内的不均匀性，并分析了两种因素对不均匀性的影响，得出了颗粒浓度分布的不均匀性随风流量的增大而逐渐减小，而随物料量的增加而不断增加。

5 循环流化床内气、固两相流数值模拟研究

虽然流态化技术已在能源、化工等领域得到广泛应用，但由于循环流化床内部的两相流动、传热及化学反应物理机理和作用规律的复杂性，到目前为止对流化床的认识还远不能令人满意[85]。前面只是进行了简单的试验操作，事实上我们知道，在炉膛内部气、固的两相流动是一种十分复杂的流动现象，而且也是比较难以测试的试验，是一个比较新的、争议比较大的课题，两相流动在炉膛内受其他因素的影响不是单调的，也不是完全连续的，也不是完全间断的，所以这其中还要进行必要的试验设备改造、测试手段的提高，以及结合数值模拟的方法来研究，从而可以得到更加符合实际生产中运用的情况。随着计算机技术的推广普及和计算方法的新发展，CFD（Computational Fluid Dynamics）技术取得了蓬勃的发展。由于数值模拟相对于试验研究有诸如成本低，周期短，能够获得完整的数据等独特的优点，对于反应器的设计，制造起到了重要的指导作用。随着理论研究的深入和计算能力的提高，数值模拟迅速发展成为一种极其重要和有效的研究手段。这一章进行流化床内气、固两相流的数值模拟研究。

5.1 流态化的数学模型

流化床反应器与一般的反应炉不同。其反应炉炉膛内和旋风分离器内存在着极为复杂的气、固两相流动，所以流化床反应器的基础研究应该是对气、固两相流动的研究。同时由于循环流化床反应器内气、固两相流场、炉内颗粒浓度分布和粒径分布等是优化循环流化床反应器设计和运行的关键，也是循环流化床模型

化的基础，良好的流体动力特性是合理设计循环流化床反应器的基础，因而对床内流体动力特性的研究具有重大意义。循环流化床提升管中气、固流动结构非常复杂，精确的试验测试和建立普遍适用的数学模型相当困难。就循环流化床提升管中整体的流动规律而言，总体上均呈现出上稀下浓的趋势。因此，目前基于不同的理论和假设，已经提出了几种数学模型方法。已有的模型大致分为三类，即用来描述循环流化床提升管中轴向空隙率分布的模型（一维轴向流动模型）[86~89]、描述径向流动结构的模型(环-核模型)[90~94]和利用流体力学基本方程描述气、固两相流动结构的模型（两维流体力学模型)[95~97]。

5.1.1 多相流模型

循环流化床反应器炉膛内的流动属于典型的气、固两相流动，气、固两相流动是多相流动的重要组成部分。

在流化床中进行的是气体和固体间的流动和反应。目前对气体-颗粒两相流的数值模拟不外乎有两类方法：即 Euler 方法和 Lagrangian 方法[98]。Euler 方法把颗粒作为拟流体，认为颗粒与气体是共同存在且相互渗透的连续介质，两相同在 Euler 坐标系下处理，即连续介质模型[99]。这类模型经历了无滑移模型、小滑移双流体模型、有滑移-扩散的双流体模型三个阶段，近年来发展起来以颗粒碰撞理论为基础的颗粒动力学双流体模型[100]。对密相气、固两相流这类模型能通过固体黏度和固体压力来表示颗粒间的相互作用。Lagrangian 方法把气体当作连续介质，而将颗粒视为离散体系。在 Euler 坐标系下考察气体相的运动，在 Lagrangian 坐标系下研究颗粒群的运动，即颗粒群轨道模型。这类模型用完全弹性碰撞模型或颗粒离散单元法处理密相气、固两相流中颗粒间的相互作用。

Euler 方法模型又称连续介质模型，如果颗粒相只被处理为一相的话，又常被称为双流体（Two Fluid Model，简称 TFM）模型[101]。这是目前在两相流动研究中使用最为广泛的一种方法。

我们将在下一节中进行详细介绍。

为了更准确地描述颗粒间的碰撞过程，颗粒轨道模型不把颗粒看成是一个连续相，而是视为离散体系。在 Lagrangian 坐标系中对每一个颗粒按照流体对它的作用力及颗粒间碰撞产生的作用力两部分列出运动方程，直接模拟颗粒间的碰撞过程。对颗粒间碰撞，主要有两种设想：一种是硬球模型，认为碰撞是瞬时的弹性碰撞；另一种是软球模型，将碰撞看作非弹性、非瞬时的。

从现象上看颗粒轨道模型方案最符合颗粒、流体两相系统的宏观结构。它允许直接给定单个颗粒的物理特性，便于跟踪模拟有蒸发、挥发、反应等异相反应情况下的颗粒的经历。另外，模型的假设较少，颗粒方程是常微分方程，其形式较拟流体模型简单。但是，由于颗粒被完全考虑成离散的体系，颗粒运动方程数和颗粒数目相同，计算量随颗粒数目增加而增大，而且当颗粒项的质量分数增大时，颗粒对流体的影响也逐渐增大，在交替迭代过程中，这种影响可能导致收敛困难。可以这么说，颗粒轨道模型是一种物理意义简明、方程形式简单，但是计算却很复杂的模型。

由于计算量比较大，颗粒轨道模型不适合稠密的气体-颗粒流动。在 20 世纪 80 年代后发展较为缓慢，最近由于计算机能力的提高，这种方法又逐渐成为研究的热点[102,103]。尤为引人注目的是，最近从研究岩石变形发展起来的可以考虑粒子流中多个颗粒间相互作用的离散单元法（Discrete Element Model，简称 DEM），这种软球模型近年来在气体-固体密相流（特别是循环流化床）中得到了广泛地应用，尤其是在针对大颗粒、小规模装置、短时间的计算时显示出了其优良的预测能力。

5.1.2 双流体模型及其封闭

5.1.2.1 双流体模型

双流体模型（又称连续介质模型或双欧拉模型）的主要特点是把宏观上离散的颗粒相和宏观上连续的流体相经过空间或时

间平均，处理成连续相。将颗粒处理成连续相会给研究带来很多方便：模型方程的形式统一，固相方程采用“场”来描述，便于应用微积分[104]；另外，两相方程形式往往都与单相流动形式差别不大，可以充分利用计算流体力学的成果。基于以上优点，双流体模型得到了很大发展，而且在模拟真实系统上获得了许多成功应用。但是仍有大量基本问题等待解决。

双流体模型又可以分成两类：一类是从试验现象出发，将具有不均匀流动结构的颗粒流体系统按其表象的不同，分为不同的相（连续介质），通过引入两相之间的相互作用建立模型；另一类是从流体力学的角度来研究两相流动，它通过离散的颗粒相，研究颗粒群的行为。方程的形式往往与单相流动方程类似，从而解决的思路也是相似的。

在试验现象的双流体模型中，一个典型例子是流态化研究当中使用的 Davidson 气泡模型[105]。模型假设流化床中可以分成气泡相和乳化相两相，气泡中不含固体颗粒，形状是圆的气泡上升时颗粒向两侧运动，乳化颗粒相犹如一堆密度为 $(1-\varepsilon_{mf})\rho_s$ 的不可压缩非黏性流体气体；在乳化相中的流动如同一个不可压缩的黏性流体，气体和固体间的相对速度满足 Darcy 定律等等。模型从鼓泡流态化中典型的气泡现象出发，把握住了现象的基本特征并且具有直观的物理意义，得到了广泛应用并且衍生出很多思路相仿的模型。

基于双流体模型在固相方程的表述及计算上往往与流体相的方程类似，故常被称为拟流体模型。采用拟流体方法将大量离散颗粒的统计行为用广义连续介质来描述时，早期的很多研究者并没有从微观的守恒方程出发，而是直接把单相流动的 Navier-Stokes 方程扩展得到两相流动方程。虽然这些方程看起来都有些类似，但是实际表达的意义不尽相同。基于对这种直接扩展法的缺陷的认识，有很多研究者从微观机理出发，推导出连续介质模型的基本方程。这其中主要有三种推导形式：微观连续模型、动力学模型和颗粒群模型等。以上三种推导方式推导出来的两相流模型在一定条件下是等价的，但由于对模型各项的物理意义理解不同，导致模型封闭不同，从而使最终的模型表达式存在差异。

5.1.2.2 双流体模型的封闭

双流体模型需要对两相方程中的各种应力项以及曳力项给出封闭方程。不同的双流体模型的差异也主要体现在此。流体相方程一般用类似于单相运动中的牛顿黏性定律封闭黏性应力，而“拟流体”的颗粒相方程的封闭方式不尽相同。大多数模型采用牛顿黏性假设。对于采用牛顿黏性假设的模型，有几种不同的方式来确定颗粒相的黏性系数：（1）假设颗粒相黏性系数为常数[106]；（2）采用试验数据得到的经验关联式[109]；（3）采用根据非均匀气体理论演化而来的动力学（kinetic theory）进行封闭[110]；（4）由土壤力学（soil mechanics）演化来的摩擦-动力学（frictional-kinetic model）封闭。第（1）种封闭方式具有盲目性，得到的方程通用性也值得怀疑；第（2）种方式对试验数据关联得较好，但由于没有理论依据，对数据来源的依赖性较大；第（3）种动力学方法封闭是近年来发展的一个趋势，有理论基础，模拟结果也比较令人满意；第（4）种摩擦-动力学方法是针对低速、高浓度条件下的颗粒运动得到的封闭模型。由于动力学的推导过程中只考虑了双球碰撞，故有些研究者认为摩擦-动力学比动力学更适于描述高颗粒浓度的运动，如鼓泡床。但实际模拟显示，在高颗粒浓度情况下，动力学封闭与实测值更接近，可见双球碰撞是一个比较合理的假设。

Gidaspow[111]仿照气体状态方程对颗粒相的状态方程进行了研究，发现由目前的动力学模型得到的颗粒相状态方程与理想气体状态方程类似：颗粒相内能仅与颗粒温度有关，而与颗粒相密度无关，正如理想气体偏离了实际气体的性质一样，目前的动力学与实际颗粒运动形式有偏差。应用状态方程来分析、研究两相流动，是一个比较新的领域，它可以应用热力学上比较成熟的理论来研究动力学上的两相概念，达成统一。在此领域的进一步工作，可以为完善动力学封闭模型指点方向。

从以上四种封闭方法的比较可以看出，颗粒相黏性应力封闭还没有一个完善的理论。进一步的封闭工作，需要引入能够描述颗粒碰撞、摩擦的新方法，或在对现有模型进行分析的基础上进行改进（如将动力学或摩擦-动力学与试验关联法相结合，使模型能够在更大范围内与试验数据相吻合；或者采用颗粒状态方程的分析方法来改进动力学模型）。

虽然各种方法还有缺陷，但是可以说 Ding 和 Gidaspow 所提出的颗粒动力学模型，是迄今为止最完善的一个。随着不断的完善和发展，双流体模型结合根据稠密气体的分子动力学理论深化而来的颗粒动力学理论（The Kinetic Theory of Granular Flow，简称 KTGF）的方法得到了越来越广泛的应用。

5.1.3 双流体数学模型

5.1.3.1 颗粒动力学理论

关于气、固两相流的流动模型国内外学者进行了广泛的研究，其中动力学理论是近 10 年来新兴的有效方法，它把固体颗粒类比为气体分子，提出反映颗粒脉动强弱的“颗粒温度”概念，并借助颗粒速度分布函数的 Boltzman 微积分方程，推导出颗粒压力、颗粒黏度等物性特征量的表达式。

颗粒动力学理论认为，在气、固两相流动过程中，固体颗粒做类似于气体分子的无规则运动，与气相湍流相类似，表征流动的物理特征量可以分解为时均值和脉动值；颗粒间、颗粒与管壁间相互碰撞；在碰撞的间隙，颗粒自由运动；所以颗粒在运动过程中存在两种不同状态：碰撞与动力学运动。这两个阶段作用力不一样，颗粒的运动状态截然不同，表征物理量当然也就不同。气、固两相速度场存在速度差，两相间存在曳力。气相存在速度分布和脉动，与之相对应的颗粒相也存在速度分布和脉动；虽然关于速度、浓度径向分布非均匀的产生机理尚有待进一步探讨，但正是这种非均匀分布证明了气、固相内存在剧烈的扰动及脉动，导致相内质量、动量、能量的传递；气、固相间曳力的存在，也会形成相间动量、能量的传递；与分子热运动相类似，脉动动能（The Kinetic Energy of Random Motion）可用颗粒温度（Particle Temperature）表示：$\frac{3}{2}\theta_{s} = \frac{1}{2} < c'$（$c'$ 为颗粒脉动速度），颗粒脉动在颗粒相中形成有效压力、有效黏度，二者均取决于颗粒温度，因此必须求解拟热能（颗粒温度）平衡方程。所谓拟热能就是颗粒脉动动能，与颗粒脉动速度平方成正比，拟热能因颗粒有效剪切压力而产生，因颗粒间非弹性碰撞而耗散，因颗粒温度梯度而传递[112]。

因此，颗粒动力学理论根据稠密气体的分子动力学理论深化而来，它的核心是引入“颗粒温度”反映颗粒相的速度脉动，同时引入径向分布函数表征颗粒的碰撞概率。气体相与固体颗粒相相互作用，固体相的应力来源于颗粒与颗粒间的随机碰撞，以及气体中的分子热运动；而气体相造成的固体颗粒的速度脉动的强弱则决定了颗粒相的应力、黏性以及压力的大小。

5.1.3.2 双流体数学模型的主要方程

由颗粒动力学理论推导出双流体模型的过程这里不再赘述，这里直接给出我们在 Fluent 软件中所采用的双流体模型（Eulerian）的主要方程。

A 连续方程

在不考虑反应及传热的情况下，气体相和固体颗粒相的连续方程可统一为：

$$\frac{\partial}{\partial t}(\varepsilon_{k}\rho_{k}) + \nabla \cdot (\varepsilon_{k}\rho_{k}v_{k}) = 0 \quad (\text{k 为 g 或 s}) \tag{5-1}$$

式中 ε——空隙率；

ρ——密度；

v——固体相与颗粒相的速度；

k——不同的物质状态（其中 g 代表气态，s 代表固态）。

B 动量方程

在不考虑反应及传热的情况下，气体相和固体颗粒相的动量方程为：

气体相 $$\frac{\partial}{\partial t}(\varepsilon_g\rho_g v_g)+\nabla\cdot(\varepsilon_g\rho_g v_g v_g)$$

$$=-\varepsilon_g\nabla P+\varepsilon_g\rho_g g+\nabla\cdot\tau_g-\beta(v_g-v_s) \tag{5-2}$$

式中 $v_g v_g$——气相的两个不同方向速度的乘积。

颗粒相 $$\frac{\partial}{\partial t}(\varepsilon_s\rho_s v_s)+\nabla\cdot(\varepsilon_s\rho_s v_s v_s)$$

$$=-\varepsilon_s\nabla P+\varepsilon_s\rho_s g-\nabla P_s+\nabla\cdot\tau_s-\beta(v_s-v_g) \tag{5-3}$$

式中，气相应力张量 τ_g

$$\tau_g=\varepsilon_g\xi_g\nabla\cdot v_g I+2\varepsilon_g\mu_g S_g \tag{5-4}$$

$$S_g=\frac{1}{2}[\nabla v_g+(\nabla v_g)^T]-\frac{1}{3}\nabla\cdot v_g I \tag{5-5}$$

颗粒相应力张量 τ_s

$$\tau_s=\varepsilon_s\xi_s\nabla\cdot v_s I+2\varepsilon_s\mu_s S_s \tag{5-6}$$

$$S_s=\frac{1}{2}[\nabla v_s+(\nabla v_s)^T]-\frac{1}{3}\nabla\cdot v_s I \tag{5-7}$$

式中 S_s——颗粒相应力张量源项；

v_s——颗粒速度；

I——强度；

T——温度，K。

这里，定义 β 为气体相和固体颗粒相之间的动量交换系数。Syamlal-O'Brien[154]、Wen 和 Yu 以及 Gidaspow 等人都做了关于相间交换系数的研究，并得到了各自的经验关联公式，其中 Gidaspow 的公式结合了 Wen 和 Yu 以及 Ergun 等人的研究结果，得到了广泛的认可。其主要关联公式为：

$$\beta=\frac{3}{4}C_d\frac{\varepsilon_g\varepsilon_s\rho_g|v_g-v_s|}{d_s}\varepsilon_s^{-2.65}\quad(\varepsilon_g\geqslant 0.8) \tag{5-8}$$

$$C_d=\frac{24}{Re}[1+0.15(Re)^{0.687}]\quad(Re<1000) \tag{5-9}$$

$$\beta=150\frac{\varepsilon_s(1-\varepsilon_g)\mu_g}{\varepsilon_g d_s^2}+1.75\frac{\varepsilon_s\rho_g|v_g-v_s|}{d_s}\quad(\varepsilon_g<0.8) \tag{5-10}$$

5.1.3.3 颗粒动力学理论相关方程

从以上方程可以看到，完成方程组的封闭，动量方程中有几个参数需要确定，分别为颗粒压力 p_s 以及颗粒黏性系数 μ_s、体积黏度 ξ_s，另外还需要知道“颗粒温度 Θ_s”以及径向分布函数 g_0 的相关方程。

A 颗粒压力 p_s

颗粒动力学理论是类比稠密分子动力学理论得到的，认为颗粒相中的固体颗粒与气体分子一样遵守 Maxwell（麦克斯韦尔）速度分布，并引入“颗粒温度”Θ_s 反映颗粒相的速度脉动，以及引入径向分布函数 g_0 表征颗粒的碰撞概率。因而在该理论中固体颗粒相压力由两部分组成：即由颗粒速度脉动引起的压力（在层流模型中可忽略）和由颗粒间碰撞引起的压力（也称为碰撞压力梯度），可以表示为：

$$p_s = \varepsilon_s \rho_s \Theta_s [1 + 2g_0 \varepsilon_s (1 + e)] \tag{5-11}$$

在这里 e 代表颗粒间碰撞后的弹性恢复系数，随着颗粒类型的不同它有不同的取值。一般颗粒情况时，可以认为 $e=0.9$。

B 径向分布函数 g_0

径向分布函数 g_0 表征颗粒尤其是浓相颗粒的碰撞概率，同时还可以理解为球体间的无因次距离。其中 $g_0 = \frac{s + d_s}{s}$，s 指的是颗粒间的距离。

从式中可以看到，如果颗粒相很稀，$s \to \infty$，这时 $g_0 \to 1$；或如果颗粒相处于压紧状态时 $s \to 0$，则有 $g_0 \to \infty$。径向分布函数有不同的表达形式，一般是用以下的表达式：

$$g_0 = \frac{1}{1 - (\varepsilon_s / \varepsilon_{s,\max})^{1/3}} \tag{5-12}$$

C 颗粒黏性系数 μ_s

固体颗粒相受到的应力包括由于颗粒的运动和碰撞进行的动量交换而产生的剪切黏性应力以及体积黏性应力。

颗粒的剪切黏性包括两部分：碰撞产生项和运动产生项。下式中加号左边项为碰撞产生项，右边为运动产生项：

$$\mu_s = \frac{4}{5}\varepsilon_s^2 \rho_s d_s g_0 (1+e)\sqrt{\frac{\Theta_s}{\pi}} + \frac{2.5\rho_s d_s \sqrt{\Theta_s \pi}}{96(1+e)g_0}\left[1+\frac{2}{3}g_0\varepsilon_s(1+e)\right]^2 \tag{5-13}$$

D　体积黏度 ξ_s

体积黏度来自于固体颗粒本身受压和膨胀时产生的抗力。一般用以下的关联式计算：

$$\xi_s = \frac{4}{3}\varepsilon_s^2 \rho_s d_s g_0 (1+e)\left(\frac{\Theta_s}{\pi}\right)^{1/2} \tag{5-14}$$

E　“颗粒温度” Θ_s

“颗粒温度”其实并不是日常所讲的表征冷热的温度，而是反映颗粒相的速度脉动的物理量，其单位为 m^2/s^2，它代表了颗粒随机运动的动力学能量。其“颗粒温度”可由公式（5-15）求出：

$$\frac{3}{2}\left[\frac{\partial}{\partial t}(\rho_s \varepsilon_s \Theta_s) + \nabla\cdot(\rho_s \varepsilon_s v_s \Theta_s)\right] = (-P_s I + \tau_s)\cdot \nabla v_s - \nabla\cdot(k_{\Theta_s}\nabla\Theta_s) - \gamma\Theta_s + \phi_{gs} \tag{5-15}$$

式中　k_{Θ_s}——能量的扩散系数；

ϕ_{gs}——两相间的能量传递系数；

γ——碰撞能量耗散系数。并有：

$$\gamma\Theta_s = \frac{12(1-e^2)g_0}{d_s\sqrt{\pi}}\rho_s \varepsilon_s^2 \Theta_s^{3/2} \tag{5-16}$$

$$\phi_{gs} = -3\beta\Theta_s \tag{5-17}$$

5.1.3.4　湍流方程

虽然目前湍流机理尚未完全清楚，还没有既合理又实用的通用湍流模型，但在工程应用领域，k-ε 方程及其延伸，可用来处理气、固两相流动问题，并可统一采用 Spalding-Patankar 学派的处理方法，具有物理意义鲜明、计算方法巧妙、适用范围广泛的优点。因而可以采用以下的湍动方程：

k 方程：

$$\frac{\partial}{\partial t}(\rho_{\mathrm{m}}k)+\nabla\cdot(\rho_{\mathrm{m}}v_{\mathrm{m}}k)=\nabla\cdot\left(\frac{\mu_{\mathrm{t,m}}}{\sigma_{\mathrm{t}}}\nabla k\right)+G_{\mathrm{k,m}}-\rho_{\mathrm{m}}\varepsilon \tag{5-18}$$

ε 方程：

$$\frac{\partial}{\partial t}(\rho_{\mathrm{m}}\varepsilon)+\nabla\cdot(\rho_{\mathrm{m}}v_{\mathrm{m}}\varepsilon)=\nabla\cdot\left(\frac{\mu_{\mathrm{t,m}}}{\sigma_{\varepsilon}}\nabla\varepsilon\right)+\frac{\varepsilon}{k}(C_1G_{\mathrm{k,m}}-C_2\rho_{\mathrm{m}}\varepsilon) \tag{5-19}$$

5.1.3.5 双流体模型的算法

方程（5-1）、方程（5-2）、方程（5-3）的形式与单相流通用微分方程组的形式相似，即：非稳态项+对流项=扩散项+源项。目前，对该方程组的求解，大多数采用了 Patankar 和 Spalding 创立的 SIMPLE（Semi-Implicit Method for Pressure-Link Equations）方法或其改进方法。本文采用其改进后的 PU-SIMPLE 方法。

5.2 流化床内气、固两相流的数值模拟

5.2.1 几何模型建立及网格划分

利用通用的 Fluent 商业软件作为工具，对所设计试验台及所做试验进行数值模拟仿真。这里主要考虑炉膛内气、固两相的流动情况，并研究密相区内气泡的产生和生长过程。所描述的几何体如图 5-1 所示。

炉膛的上面部分横截面不变，高为 1200mm，下面部分横截面积渐变，高为 300mm，上部右侧为烟气单侧出口，下部为布风板气体入口，开始计算时炉膛内存在一定量的物料量，其坐标方向如图 5-1 所示。从而可以进行颗粒流化状况的研究。模拟的参数选择如表 5-1 所示。

表 5-1 部分参数选择

物 理 量	数 值	物 理 量	数 值
炉膛高 H/m	1.5	床料的颗粒密度 ρ_s/kg · m^{-3}	2500
横截面(长×宽)/mm×mm	300×340	风速 U/m · s^{-1}	5
布风板(长×宽)/mm×mm	30×34	固体最大空隙率 σ_{max}	0.63
气体密度 ρ_g/kg · m^{-3}	1.205	静止时床料的高度 h/m	0.25
气体动力黏度 μ_g/Pa · s	18.08×10^{-6}	网 格	203314
床料的颗粒直径 d_s/mm	0.02	时间步长 Δt	0.001

首先应用 Gambit 进行网格划分，在网格划分处理上，气、固两相均采用非结构化网格，然后确定合理的边界条件，导入 Fluent 软件中进行计算，确定模型求解方法、物性参数及初始条件，选择合理的时间步长进行计算。得到相应的各个参数的结果并输出直观的图形。

图 5-2 为炉膛网格的划分。根据炉膛内气、固流动情况，整

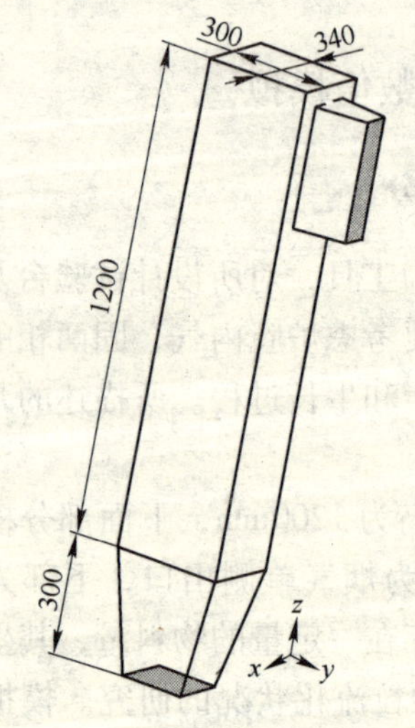

图 5-1 计算区域结构示意图

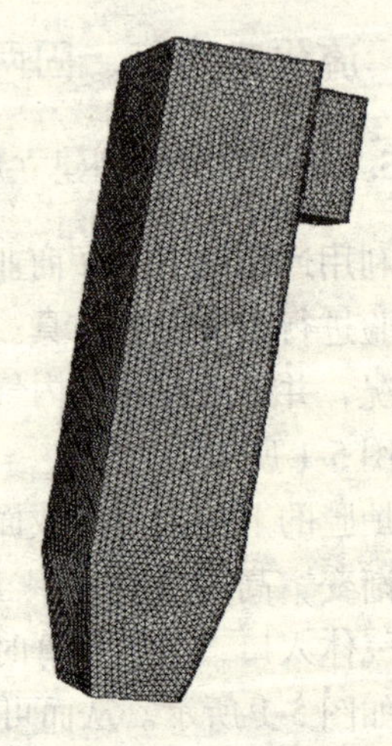

图 5-2 几何模型的网格划分

个计算区域内采用六面体结构化网格，炉膛下部由于颗粒相的存在，将网格的划分布置得比较周密，而在上部和出口处，网格的划分布置得比较稀疏，这样不仅能有效的减轻计算机的计算负担，加快计算速度，同时也使网格的划分相对比较合理。整个炉膛生成网格的数量为203314个，网格的最小体积为6.894835e+01（e+01表示10的一次方）mm^3，最大体积为1.406724e+03 mm^3。

5.2.2 两相流动模型的建立及求解

模型的求解过程借助求解器Fluent完成。Fluent求解器具有适用于所有速度范围、动态分配内存，并具有单、双精度计算的特征；在多相流中使用基于压力修正的非耦合的求解方法，其中包含了多种离散格式，包括一阶迎风格式、幂次率格式、二阶迎风格式和QUICK格式等。采用二阶隐式时间离散格式，以保证Fluent求解能达到最佳的收敛精度。气相差分方程的求解采用PU-SIMPLE算法，对颗粒相求解使用原变量方程，两相差分方程组采用TDMA逐线逐面迭代求解，两相耦合迭代直至收敛。气、固两相流动控制方程组具有很强的耦合性和非线性，为保持计算过程的稳定，避免发散，并设法加速收敛，在求解过程中采用变化的欠松弛因子，即迭代开始时，采用较小的松弛因子以加强稳定性，而在迭代将结束时，采用较大的松弛因子。

在Fluent开始计算前，要进行一系列的多相流设置过程。

第一步，导入mesh文件，并对网格进行检查，调节网格使之平滑，显示网格的质量好坏，这将会影响计算的时间及收敛状况。

第二步，建立求解模型。其步骤为：

（1）激活多项流模型；

（2）选择求解器；

（3）选择湍流数值模型，本模拟中采用标准湍流 k-ε 方程，其系数的选择见表5-2；

（4）设置重力加速度（运行条件）。

表 5-2 *k-ε* 模型中的系数

C_{μ}	C_1	C_2	σ_k	σ_{ε}	σ_s	c_p^p	$C_{\mu p}$
0.09	1.44	1.92	1.0	1.3	0.7	0.85	0.0064

注：c_p^p表示定压热容。

第三步，设置流体材料及两相。

将空气作为第一项，设置密度为常温下的1.225kg/m^3，动力黏度为1.7894e-05，将颗粒设置为第二项，密度为2300kg/m^3。

第四步，为所有的相设置边界条件。

（1）入口边界条件。在 Eulerian 多相流模型中，我们必须详细说明速度入口的条件特别是基本相和第二相。在这里把气体入口的速度设为3m/s，由于固体颗粒一开始就存在于炉膛内，所以把入口速度和体积分数都设置为0。

（2）出口边界条件。在 Eulerian 颗粒相模型中，压力出口必须详细说明混合物和两个相的条件。

（3）为墙壁设置边界条件。墙壁设置为静止的边界条件，对于气体设置为无滑移边界条件，固体设置为滑移边界条件。

第五步，求解。

（1）设定求解参数。

（2）设定计算过程中的残差监视器。

（3）求解的初始化。

（4）为流化床的下半部分定义一个修正记录器。这里是设置两相流动的一个重要环节，如果没有这一步的设置，那么计算将会是单相流动。这一步设置的目的是标示固体颗粒的初始量有多少。

（5）修正流化床的下半部分的固体的初始体积分数。

（6）迭代计算。选择时间步长为0.0001s，假想需要的迭代次数。在计算小于所设置的迭代次数达到收敛时，计算机会提示，计算会继续进行（而在稳态计算时，收敛后计算不再进行），计算时间会不断增加。

5.3 模拟结果与分析

5.3.1 密相区内气泡的变化过程

气泡的产生，聚并与分解是密相流化床最重要的特点，正是由于气泡的存在引起了颗粒迅速而充分的混合，形成了传统流化床的许多特点。所以密相区内气泡特性研究是流化床内两相流动及气、固混合研究的一个重要方面。以往的试验研究主要是通过在流化床内放置探头对气泡的大小、数量及上升速度进行测量或者用相机进行照相然后进行分析，由于时间极短以及测试手段及工具的局限，传统的这种试验往往不能得到理想的结果。而本节则是通过流体仿真计算再现气泡的产生、发展、膨胀以及到最后爆炸的整个过程。

计算区域是一个简化了的立方体，壁面的设置：对于气体，壁面设置为无滑移边界条件；对于固体，由于固体可以沿壁面下滑，所以可以设置为自由滑移边界条件。压力出口的设置和前面介绍的一样，设置为无回流。底部设置一个气体入口，固体的入口速度为零。其他边界条件和初始条件见表 5-1，在这里只考虑影响密相区流动的主要因素，所以简化了许多条件，这样简化有利于揭示密相流动中气泡从产生到爆炸的整个过程及规律。

气泡就是在密相鼓泡床中其密度低于固体密度的区域。气泡在床内所占的空间可以用气体空隙率大于某一固定值来表示。

为了便于观察、容易说明问题，采用 $y = 0$ 平面上的图像来进行解释。

由图 5-3 不同颗粒浓度下的气泡形状等值曲线可以看出，固体颗粒浓度越大，气泡所占的体积越小，这与实际的情况是相符的，因为固体颗粒浓度越大相当于空气越少，这就是说空气的压力比较小，固体比较容易进入空气所占有的空间。由固体颗粒速度分布矢量图 5-4 可以看出，由于气体的运动带动固体的运动，

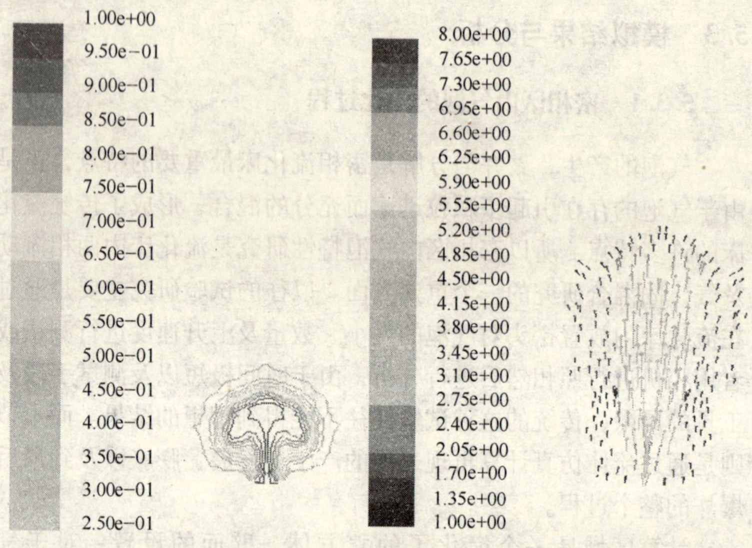

图 5-3　不同颗粒浓度下的气泡形状等值曲线

图 5-4　$y=0$ 平面上固体颗粒的速度矢量分布

在气体的中心部分，固体的速度比较大并且也向上运动，而在气体簇的周围，固体颗粒有向其他方向运动的迹象，这时就形成了循环流化床内的内循环，也就是近壁回流。

研究采取空气的空隙率为 0.8 的数值来演示计算结果，如图 5-5 所示。图中表示了空隙率为 0.8 的气泡从 0s 到 1.1s 的产生、

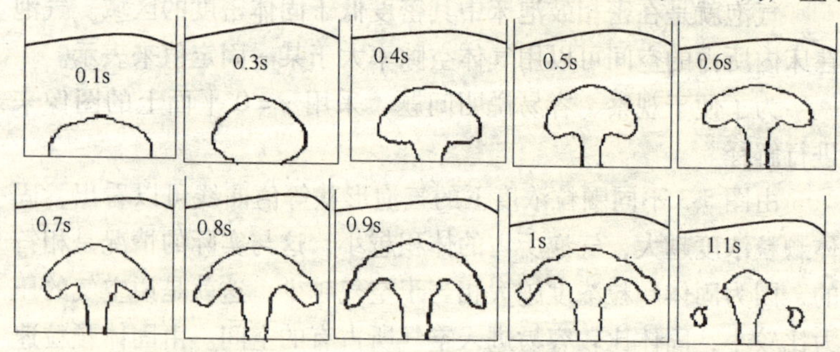

图 5-5　单个气泡的变化过程

膨胀以及到爆炸的整个过程。气泡的破碎与流化床内相间的传递现象是密切相关的，颗粒与气泡之间的相对运动会产生一些扰动，就会产生压力不平衡，于是就会出现颗粒从压力大的地方向压力小的地方运动。首先气泡是可以渗透的，其次是气泡周围也有很高的空隙率，所以高浓度的颗粒就会向低浓度的地方运动，于是导致气泡破坏。小气泡在运动的过程中，气泡周围受到小颗粒乳化相阻力的影响，使小气泡不断变形，最后导致爆破，进入周围的颗粒中。

5.3.2　流体迹线分布

流体迹线就是流体质点在运动过程中走过的曲线，对于观察和研究复杂的三维流动问题来说，绘制流体的迹线是一种很好的有效方法。在循环流化床锅炉的炉膛中，颗粒拟流体和空气真流体的流动比较复杂，图 5-6 表示了在点（0，－145，－300）到点（0，145，1100）之间的几条流体的迹线，由图可以看出，流体并不是沿炉膛高度直线上升的，其间有折向和回流，也有各条迹线之间的交叉和混流，这就证明了炉膛内流体流动的复杂性和难以预测性。图 5-6 向右折处为炉膛出口处。

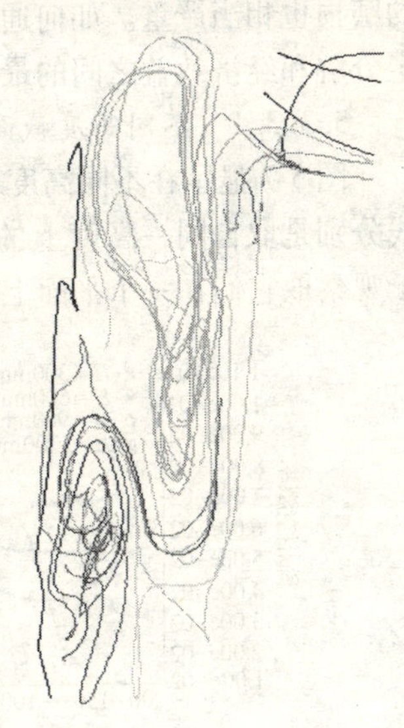

图 5-6　几条流体迹线图

5.3.3　床层空隙率的分布

炉膛内固相空隙率的分布是反映循环流化床流体动力特性的一个重要方面，无论是流化床反应器的实际运行、数值模拟计算和试验以及空隙率分布的研究都将是研究的重要方面。从总体上讲，当气、固流动处于密相气力输送状态时，空隙率轴向分布趋于均匀，而在快速流态化条件下运行时，空隙率一般呈上稀下浓的不均匀分布，影响循环流化床内平均空隙率轴向分布的因素非常多，如运行风速、颗粒循环流率、颗粒物性、床层高度、循环床进出口结构等。因为固相空隙率直接影响到床内流体动力特性、传热、受热面磨损等关键问题，尤其对后两者尤为重要。颗粒浓度的大小影响受热面的换热系数、磨损，在相同的运行温度和尺寸下，颗粒浓度越大，则换热效果就越好，但同时，受热面的磨损也相当严重。如何通过试验和模拟的手段来确定磷石膏稳定分解和经济效益之间的最佳工况是这方面工作的重点。

5.3.3.1　不同高度截面对角线上空隙率的分布

图 5-7 显示在不同高度对角线上固体空隙率的分布。每条曲线分别是取自同一高度上的对角线（不是交叉对角线，为了便于观察取它们在一个平面上的对角线）。

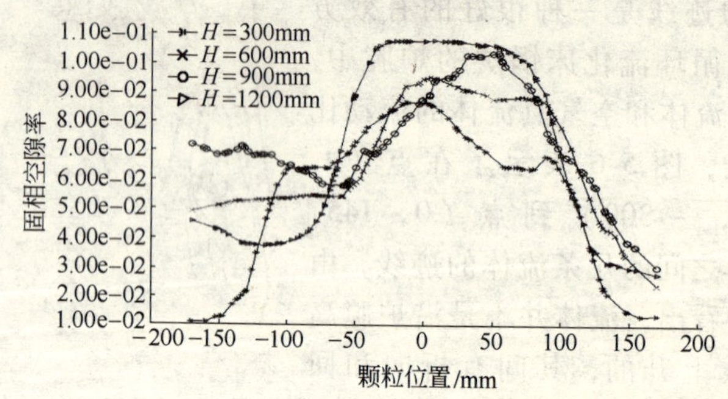

图 5-7　不同高度对角线上固相空隙率的分布

可以看出，不同高度对角线上的固相空隙率呈现出基本相同的分布规律，即中间的固相空隙率高而四周固相空隙率比较低的分布特点。对应于颗粒速度也就是中间的颗粒速度较四周的颗粒速度小的分布特点。每条曲线基本上有三个拐点，但是除中间的拐点外，另外两个拐点不太明显。这和颗粒浓度分布图的模拟结果比较吻合。另外，一个比较明显的特点是所有曲线的最大值右移。这与模拟计算试验台的结构有关，由于坐标轴上正值的方向是出口处所在的位置，所以固体颗粒会沿着出口的方向会聚，这必然导致颗粒浓度沿正值方向向右移动。

5.3.3.2　床料量不同对空隙率轴向分布的影响

不同床料量对空隙率轴向分布的影响如图5-8所示，图中A代表床料量为3kg时轴向空隙率的模拟结果，B代表床料量为2.5kg时轴向空隙率的模拟结果。

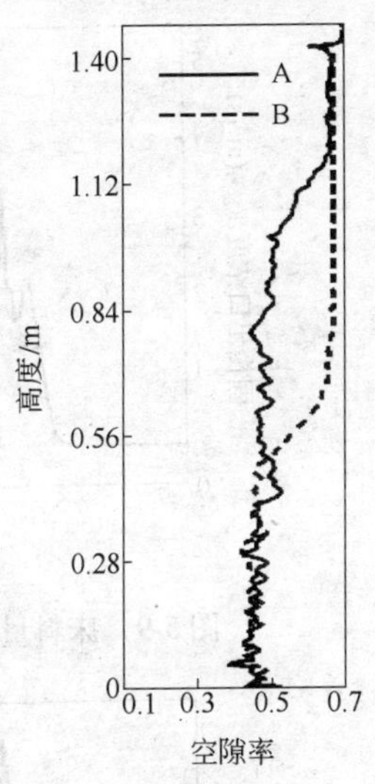

图5-8　床料量对颗粒轴向空隙率分布的影响

由图5-8可以看出，两条曲线均为S形分布，这种分布是循环流化床截面平均空隙率轴向分布的典型形态，即在床层底部为颗粒密相区，在床层顶部为颗粒稀相区，在浓稀相区存在一个拐点，其位置随颗粒运行风速、颗粒循环流率以及整个循环回路的床料量而变化。由图5-8还可看出，曲线A的拐点高于曲线B的拐点，但曲线B的拐点更符合循环流化床炉膛内颗粒空隙率的分布，而且还可以看到，曲线A和曲线B密相段的固相空隙率和出口处的固相空隙率都基本重合。

5.3.3.3　反应器顶部出口固相颗粒浓度随时间的变化

图5-9表示床料量为3kg时反应器顶部固相出口浓度随时间的变化，计算的时间间隔为0.1s，其平均值为2.314kg/(m^2·s)。图5-10表示床料量为2.5kg时顶部固相出口浓度随时间的变化，平均值为2.247kg/(m^2·s)。由图5-9和图5-10可看出，对于这两种不同的床料量，其固相的出口浓度基本相同。经计算可知，大概在6s后基本达到平衡，也就是系统基本稳定。

模拟结果表明，即使气体表观速度和固体物料循环量相同，当床料量不同时，床层空隙率的轴向分布情况也会出现不同。

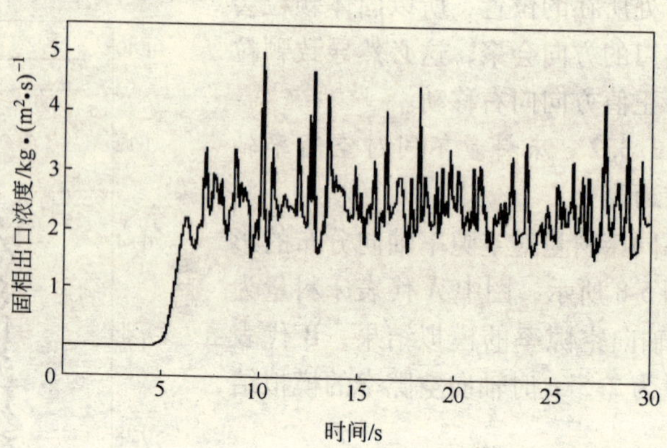

图 5-9　床料量为 3kg 时固相出口浓度随时间的变化

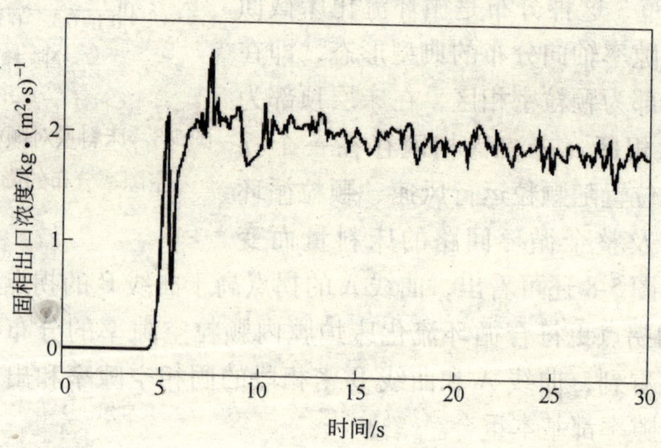

图 5-10　床料量为 2. 5kg 时固相出口浓度随时间的变化

5. 3. 4　床内颗粒浓度场分布

颗粒浓度是循环流化床气-固流动的基本特征，也是循环流化床分解磷石膏性能的主要影响因素。颗粒浓度的研究有助于研究炉膛内部气、固两相流动的规律以及流体特性。

为了便于观察，取 $X=0$ 平面上的颗粒浓度分布图（见图5-11）进行分析和研究。图5-12为顶部出口颗粒浓度分布的放大图。

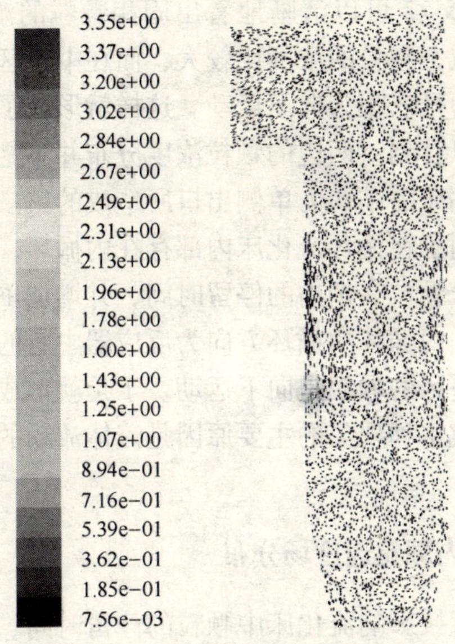

图 5-11　$X=0$ 平面上颗粒浓度的分布图

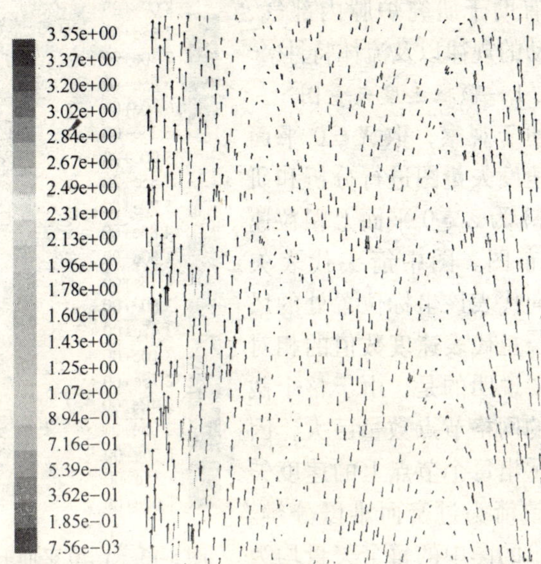

图 5-12　$X=0$ 平面上颗粒浓度的分布局部放大图

由图 5-11 和图 5-12 可以清晰地看出固相颗粒的浓度分布情况。在接近边壁区域，颗粒的浓度比较大，而在中心区域，不但颗粒的浓度比较小而且表现为向下运动。这样就形成了一个较大的内循环。同时可以看到，两边的颗粒浓度分布并不是十分对称，这是由于循环流化床的结构为单侧出口所造成的。

本研究证明了在循环流化床内部存在内循环，这有利于反应的进行，能延长颗粒在炉内的停留时间，并增加了颗粒与颗粒之间的接触机会；内循环的循环方向为反应器中心的颗粒是向上运动，而四周近壁区的颗粒是向下运动。于是就形成了循环流化床的内循环。造成这种现象的主要原因是流体流动的流场与反应器的结构。

5.3.5 床内颗粒速度场分布

颗粒速度直接影响流化床中颗粒的停留时间、固体混合、传热传质以及磨损行为。颗粒速度的研究同样有助于研究炉膛内部气、固两相流动的规律以及流体特性。

5.3.5.1 颗粒速度矢量图

为了便于观察，取 $X=0$ 平面上的颗粒速度矢量图进行分析和研究。图 5-13 为 $X=0$ 平面上颗粒速度矢量分布图。图中箭头代表矢量，其方向代表该坐标位置处的风速方向，长短代表速度数值的相对大小。需要说明的是，由于整个截面内包含的网格节点数量巨大，因此如果显示出每个节点上的速度矢量，会导致箭头过密而难以分辨。故实际给出的图中的每个矢量均为多个计算节点上矢量合成的结果，

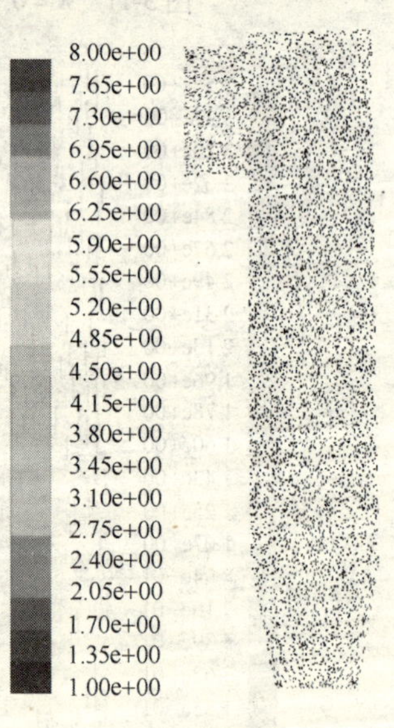

图 5-13　$X=0$ 平面上颗粒速度矢量分布

也就是说，图中显示的矢量个数远小于计算区域内的网格节点数目。

由图 5-13 可以清晰的看出，颗粒的运动情况以及颗粒的运动方向。由于颗粒的湍动、返混以及聚集与解体等原因，在床层的几乎所有径向位置，都可能测到颗粒的正向和负向速度。在床层中心区，颗粒主要向上运动，在边壁区颗粒速度较小且向下运动，而颗粒时均速度为零的径向位置，即是中心区和边壁区的分界点。这样就形成了一个较大的内循环。同时可以看到，两边的颗粒速度并不是十分对称，这是由于单侧出口造成的。

5.3.5.2　不同高度截面对角线上颗粒速度的分布

本节将显示不同高度截面对角线上颗粒速度的模拟结果。

从图 5-14 可以看到，各个高度截面上颗粒的速度分布规律基本相同。在较低高度时，容器中心出现了速度最大点，这主要是由于，在反应器的底部，风速较大，一部分风从中心溜过。另一端也出现了速度增大的现象，没有形成对称的曲线，这主要是由于其为单侧出口造成的，速度较大的一端为出口侧的对角处。

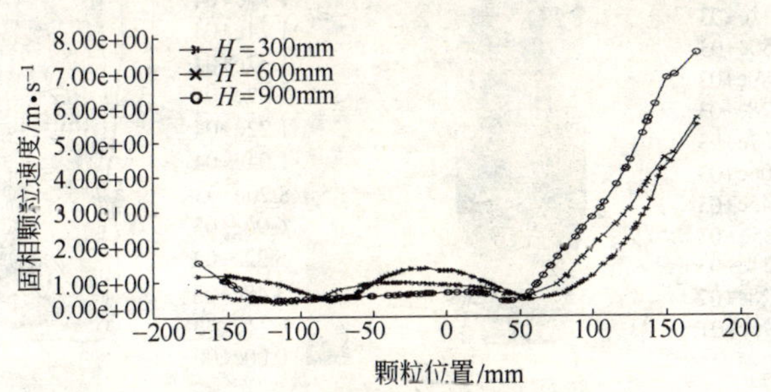

图 5-14　不同高度截面对角线上的颗粒速度分布

5.3.6　床内压降分布

床层压降直接反映了固体颗粒的载料量和气-固之间的动量交换，因此也是循环流化床研究的一个重要方面。它是循环流化床锅炉设计、优化、运行的主要参数，同时也为 CFB 的控制提供了主要的依据。在国内外许多循环流化床的运行中，把床内的压差作为主要的控制参数之一，通过压差的变化来调节运行的负荷、性能等。为了提高运行的经济性和效率，很有必要对流化床的压降变化规律进行研究。

5.3.6.1 颗粒压降的等值图

图 5-15 显示了 $X=0$ 平面上颗粒压降的等值云图，这与颗粒的运动也十分相似。图 5-16 显示了颗粒在 1s 时动压力的绝对压力值。在气泡表面附近及周围颗粒的压降变化特别大。颗粒压降的分布必然会影响全床压降的分布，因而流化床内压降的变化以及压力的分布与空隙率的变化和分布有着必然的联系。

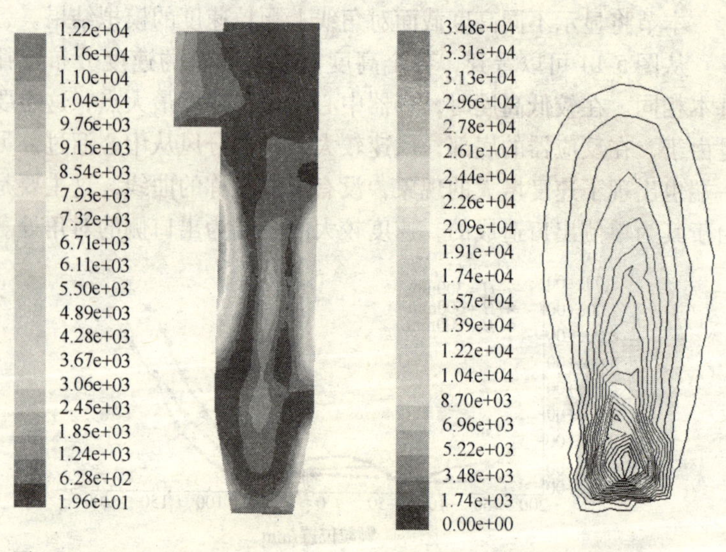

图 5-15　$X=0$ 平面上颗粒压降的等值云图

图 5-16　单个气泡模拟时的颗粒压降等值图

5.3.6.2 压强的对比试验

选取炉膛几个不同高度的测试面作为对比试验的样本。将布风板作为参考面，因为布风板中心坐标为（0，0，-300），所以几个面选择为 $z=25\text{mm}$，$z=595\text{mm}$，$z=885\text{mm}$。三个面相对于参考面的相对位置分别为：325mm，895mm 和 1180mm 时测量压强值与模拟压强值的对比。

图 5-17 为循环流化床反应器冷态试验压强值和模拟压强值，都是相对值。可见，模拟值和试验值是基本符合的。产生的偏差可能是由于数值模拟的边界条件、初始条件以及边壁条件等都是比较理想化的，而对于试验来说根本不可能达到完全理想化，同时，试验仪器的不精确，试验结果的处理等所有的误差传递都造成了试验值和模拟值不可能完全相同，但是模拟结果和试验结果的吻合足以说明模拟试验是可以代替一些比较复杂和昂贵试验的。

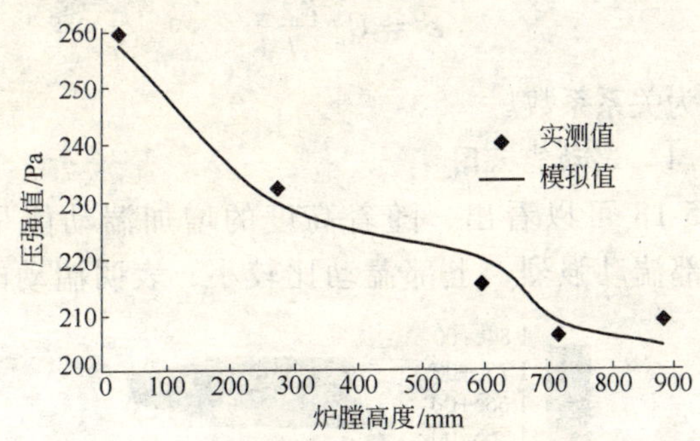

图 5-17　循环流化床反应器冷态试验压强值与模拟压强值

5.3.7　湍动能和湍动能耗散率

在 Fluent 两相流动中，湍动能耗散率只能相对于混合物进行研究，其意义在于：通过对湍动能耗散率的研究可以了解混合物运动中的能量损失以及运动的规律，进而可以为试验装置的改进以及优化提供帮助和参考。这些研究都是无法通过试验得到的，只有通过数值模拟计算来获得。本节通过 Fluent 在某工况下的模拟计算来分析研究湍动能的耗散率。

在湍流流动中，湍动能是指单位质量流体由于湍流脉动所具有的动能。习惯上，人们定义湍流速度脉动场的湍动能为：

$$k = \frac{1}{2}(\overline{u'^2} + \overline{v'^2} + \overline{w'^2})$$

由此可知，湍动能主要来源于湍流脉动，通过雷诺切应力做功给湍流体提供能量。

湍动能的耗散是指脉动黏性应力与脉动应变率的乘积。即湍动能耗散为湍流动能与分子动能之间发生传输，最终将这些能量耗散成热能。一般来说，湍流脉动量的瞬时速度梯度，总比速度梯度大得多，因而湍动能的耗散要比平均流的黏性耗散大得多。

流体的湍动能和湍动能耗散不是孤立的，是有联系的。湍动能 k 和湍动能耗散率 ε 的关系是：

$$\varepsilon = C_{\mu}^{\frac{3}{4}} \frac{k^{1.5}}{l}$$

式中，C_{μ} 为关系系数。

5.3.7.1　湍动能云图

由图 5-18 可以看出，随着高度的增加湍动能呈降低趋势，即下部湍动强烈，上部湍动比较小，表明湍动的剧烈程

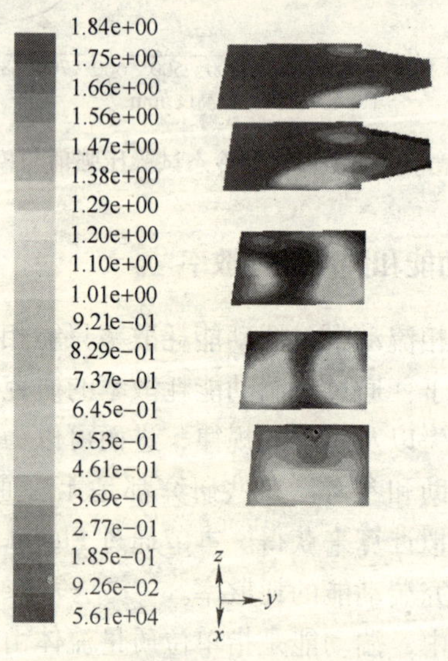

图 5-18　不同高度截面上的湍动能云图

度降低。从分布来看，湍动分布在墙角处和接近出口面所在的边壁，每个湍动区域都会出现一个强烈湍动能芯部，说明气体和固体会有强烈的相互作用，而芯部以外的区域相互作用将会减弱。

5.3.7.2　湍动能耗散率云图

由图5-19可以看出，边壁区湍动能耗散率的值比较大，说明边壁区能量耗散比较严重，随高度的增加湍动能耗散率的值逐渐减小，说明能量损失在减小。值得注意的是，由于出口的影响，致使距离出口比较近的墙角处的湍动能耗散率急剧增大。由湍动能和湍动能耗散率分析可以看出，他们是相互联系的，在湍动能大的地方其湍动能耗散率也将增大。

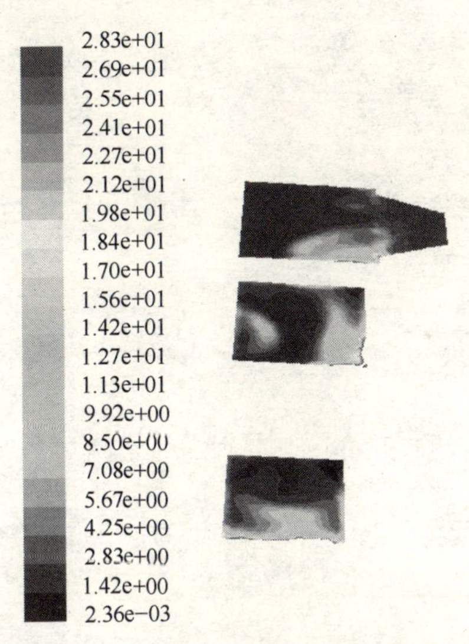

图5-19　不同高度湍动能耗散率的分布云图

5.4　小结

本章运用Gambit对试验台进行了网格划分，通过Fluent大型流体仿真模拟软件、选择合适的欧拉双流体模型对本试验台流化床炉膛进行了三维数值模拟计算和分析。模拟了流态化前气泡的产生、形成、发展及爆裂过程；计算分析了空隙率的分布情况、颗粒浓度分布图、颗粒速度矢量图、不同高度上的曲线图，对压力分布的模拟结果也进行了分析和研究，并对湍动能及湍动耗散率进行了分析和研究，将实际问题进行了简化。

6 选择性催化还原磷石膏分解产生烟气中的SO_2

磷石膏分解后产生的烟气中含有高体积分数的SO_2，现行对高体积分数SO_2烟气的处理一般采用二转二吸制酸工艺，目前国内外硫酸装置排放尾气的φ（SO_2）已达到0.03%～0.035%，但按排放标准（现行SO_2排放标准见附录B）和采用二氧化硫排放量许可权交易制度的要求来衡量，仍需在两转两吸后加一套尾气处理装置。增加的尾气处理装置无论是将尾气中二氧化硫吸收制成副产品还是采用弃置法都必然会使装置投资增加；同时也增加生产过程中原料及副产品的品种，必然会增加生产和管理的复杂性。如果利用选择性催化还原法将烟气中的SO_2直接还原制取单质硫。这样一是产品更容易保存，二是SO_2可达标排放。本节研究了催化脱硫技术的研究进展以及还原性气体的选择、催化剂选择、制备和评价。

6.1 催化脱硫技术的研究进展

6.1.1 催化氧化法脱硫工艺

催化氧化法脱硫工艺主要有用活性炭法,液相催化氧化法等。

6.1.1.1 活性炭法

活性炭脱硫是基于SO_2在炭表面的吸附和催化氧化，在氧气和水蒸气存在的前提下，温度为100～170℃时，SO_2被转化为H_2SO_4。

其化学反应式为：

$$2SO_2 + O_2 + 2H_2O \longrightarrow (2H_2SO_4)^* \qquad (6\text{-}1)$$

式中 * 表示吸附。活性炭表面积较大，且具有较高的硫容和机械强度，在颗粒层厚度为 100mm，流速为 994 ~ 1342m^3/h，温度为 100 ~ 200℃条件下，脱硫效率最高达 86.5%。当颗粒排出量为 12g/min 和流速为 994m^3/h 时，脱硫效率可以稳定在 70%。吸附剂的再生可采用水洗涤法和加热再生法。水洗涤法使活性炭中的吸附 H_2SO_4 被洗下来，使活性炭得以再生，它的被洗净程度，对下次的吸附转化作用影响很大。洗下的稀酸通过浓缩可制取 65%的硫酸（用于磷肥生产）或浓硫酸，也可以用稀硫酸（17%）与石灰石反应生产石膏出售。水洗涤再生法工艺比较简单，用加热再生法，生成的 H_2SO_4 在一定的温度条件下与活性炭发生还原反应转化为 SO_2，其还原反应式为：

$$2H_2SO_4 + C \longrightarrow 2SO_2 + H_2O + CO_2 \qquad (6\text{-}2)$$

热载体可以用热砂或热气体，再生释放气中的 SO_2 体积分数可达 20% ~ 50%，SO_2 脱水后氧化为 SO_3，生产硫酸，或者被还原成单质硫。

6.1.1.2 液相催化氧化法

液相催化氧化法脱硫是在水溶液中加入 SO_2 氧化催化剂，使吸收的 SO_2 液相催化氧化，然后回收酸或采用碱中和。本工艺是在湿法脱硫的基础上，以 Fe、Mn 离子为催化剂采用液相催化氧化 SO_2 和 NO_x，再用氨吸收的脱硫新工艺。氨水在我国广大地区来源丰富，且反应的最终产物是肥料，不产生二次污染，降低了烟道气净化费用。

6.1.2 催化还原法脱硫工艺

根据还原剂的不同，催化还原 SO_2 到单质硫的方法可分为 H_2、碳、烃类（主要是 CH_4）、CO 等还原法。

6.1.2.1 H_2还原法

总反应式为：

$$SO_2 + 2H_2 \longrightarrow S + 2H_2O \qquad (6\text{-}3)$$

用 H_2 作还原剂尽管其来源、运输和储存不太方便，但建立一个氢气发生装置是比较容易实现的，亦可利用废气中含有的 H_2 来脱除。另外，利用氢气还原能够在较低的温度下实现，副产品少（只有 H_2S），故 H_2 还原脱硫的研究比较广泛。

用 H_2 还原 SO_2 所用的催化剂主要有 V_2O_5、铝矾土、Fe 族金属、Ru/Al_2O_3 等。Boswell[113~115] 对用氢气作为还原剂进行了大量的研究，考察了 Fe 族金属（Fe、Co、Ni）负载在如石棉、硅藻土以及多孔砖等多孔物质上的催化性能。Doumani[116,117] 报道了当用 Fe 族金属负载在氧化铝载体上，在 480℃ 下，$x(H_2)/x(S)$ 为 2.2 时，SO_2 的转化率为 77%，选择性为 46%。班志辉等人[118] 证明在 Ru/Al_2O_3 催化剂上用 H_2 来使 SO_2 选择性催化还原为单质硫，当 $x(SO_2):x(H_2)=1:2.8$ 时，温度为 500℃时，SO_2 的转化率在 90% 以上，单质硫的产率为 70% 左右。SO_2 被选择性催化还原为单质硫的过程可分为以下两个步骤：（1）SO_2 首先在活性中心上形成 H_2S；（2）然后 SO_2 和 H_2S 通过 Claus（或 Superclaus）反应在 Al_2O_3 载体的酸性中心上形成单质硫。一般 H_2 还原 SO_2 的过程如下：

$$SO_2 + 3H_2 \longrightarrow H_2S + 2H_2O \tag{6-4}$$

Claus 过程：

$$2H_2S + SO_2 \longrightarrow 3S + 2H_2O \tag{6-5}$$

Superclaus 过程：

$$2H_2S + SO_2 \longrightarrow 3S + 2H_2O \tag{6-6}$$

$$2H_2S + O_2 \longrightarrow S + 2H_2O \tag{6-7}$$

Superclaus 过程可达到 99% 总脱硫率，但要掌握好 H_2S 的氧化度。实际中可使用大孔径的催化剂，不要使反应产物水蒸气冷凝而加快反应，以降低硫磺继续氧化的可能性。表 6-1 中列出了文献中关于用 H_2 作为还原剂对 SO_2 进行还原[118] 的报道。

表 6-1 用 H_2 作为还原剂对 SO_2 进行还原

还原剂	催 化 剂	反应温度 /℃	转化率 /%	选择性 /%	参考文献
H_2	V_2O_5	600～800	—	—	[113]
	多孔材料上的 Fe 族金属硫化物	275～325	—	—	[114]
	在 Al_2O_3 载体上的 Fe 族金属硫化物	480	77.4	45.8	[116]
	矾土	480	64.5	67.5	[117]
	Co-Mo/Al_2O_3	300	84.2	90.4	[119,120]

6.1.2.2 CO 还原法

CO 还原 SO_2 到元素硫的总反应式为：

$$2CO + SO_2 \longrightarrow S + 2CO_2 \tag{6-8}$$

利用 CO 作为还原剂与 H_2 相比，CO 来源更为方便，因 CO 通常存在于烟气中，且生成硫纯度高，因此反应可操作性强，具有工业化前景。用于 CO 还原 SO_2 的催化剂有负载型催化剂，钙钛矿型复合氧化催化剂、萤石型复混（合）氧化物及其他氧化物催化剂。各种催化剂的活性组分大多数为金属硫化物，其氧化物均经过预硫化处理[121]。具有 ABO_3 钙钛矿结构的复合氧化物催化剂在 CO 催化还原 SO_2 脱硫中具有较高的活性[122]。有关专家报道，用 CO 作为还原剂，在 450℃ 时获得了较好的催化还原活性，其中，SO_2 转化率为 90%[123,124]。在脱硫反应达到稳定状态时，钙钛矿结构已不复存在，它转变为硫化物活性相。La_2O_2S 和 CoS_2 是脱硫反应的活性相，它们之间存在协同效应。单独的 La_2O_3 很难生成 La_2O_2S，单独的 Co_3O_4 很难生成 CoS_2，单一氧化物的脱硫活性都很低。机械混合样品 Co_3O_4-La_2O_3 能活化生成一定量的 La_2O_2S 和 CoS_2，具有较高的脱硫活性。当钴和镧以钙钛矿结构结合时，能较容易地硫化生成 La_2O_2S 和 CoS_2，脱硫活性最高[125]。

目前对于 CO 还原 SO_2 机理主要有两种认识，一种是中间产物机理[126]，该机理认为催化反应进行的活性相为金属硫化物，反应过程先生成 COS，而后 COS 进一步还原氧缺位将 SO_2 中的氧原子转移到 CO 上，从而生成单质硫和 CO_2。许多研究者[127]均报道了 COS 的发现，而以负载型金属催化剂（Fe）、钙钛矿型复合氧化催化剂（$CaTiO_3$）尤支持此机理。另一种是氧缺位机理[128]，以萤石型复混（合）氧化物作为催化剂的研究支持该机理。有研究者以 CeO_2 为载体的催化剂（Cu/CeO_2）和（Cu-Ce-O）复合氧化物为催化剂研究 CO 还原 SO_2，结果发现，当温度大于450℃，$\varphi(CO)/\varphi(SO_2)=2$ 时，脱硫率达95%以上，且 SO_2 几乎接近完全转化。利用某些氧化物如氧化铈、氧化锆等作为催化剂，由于其氧空穴浓度及活性高，成为高活性催化剂，能够大大提高 CO 还原 SO_2 的催化活性。还有研究者认为，在整个催化反应过程中两种机理是协同作用的。并且把整个氧化还原反应过程写为如下的方程式：

$$CO + MSn \longrightarrow MSn^{-1} + COS \tag{6-9}$$

$$2COS + SO_2 \longrightarrow 2CO_2 + 3S \tag{6-10}$$

$$Cat-O + CO \longrightarrow Cat-\square + CO_2 \tag{6-11}$$

$$Cat-O + COS \longrightarrow Cat-\square + CO_2 + S \tag{6-12}$$

$$2Cat-\square + SO_2 \longrightarrow S + 2Cat-O \tag{6-13}$$

$$MSn^{-1} + S \longrightarrow MSn \tag{6-14}$$

6.1.2.3 CH_4 还原法

用 CH_4 催化还原 SO_2 为元素硫的总反应式为：

$$2SO_2 + CH_4 \longrightarrow 2S + CO_2 + 2H_2O \tag{6-15}$$

Mulligan[129]的工作确定了 MoS_2 在反应（6-15）中具有高活性和高选择性，但 MoS_2 的比表面积小（只有 $4m^2$）且价格昂贵。

Mulligan 将 MoS_2 负载于 Al_2O_3 上，考察了 MoS_2 负载量对 CH_4 和 SO_2 反应的影响。试验结果表明，当 MoS_2 负载量大于一定值，使 MoS_2 在 Al_2O_3 上呈晶相体时，才能达到与纯 MoS_2 同样的催化效果，因此 Mulligan 认为 MoS_2 晶体是主要的催化剂。John Sarlis[130] 考察了 MoO_3/Al_2O_3 和 CoO-MoO_3/Al_2O_3 对反应（6-15）的催化作用。试验表明，在反应过程中，MoO_3 被硫化为 MoS_2，而 Co 和 Al_2O_3 未被硫化。在反应温度范围（650～750℃）内，Co-Mo/Al_2O_3 的活性比 Mo/Al_2O_3 要高，而选择性要低，John Sarlis 认为，这可能是 CH_4 在 Co-Mo 上易分解产生 C，从而产生副产物 H_2S 和 COS。John Sarlis 推测，在 CH_4 还原 SO_2 的过程中，可能的副反应为：

$$CH_4(g) \longrightarrow C(s) + 2H_2(g) \tag{6-16}$$

$$SO_2 + 3H_2 \longrightarrow H_2S + 2H_2O \tag{6-17}$$

用 CH_4 还原 SO_2 的烟气催化脱硫技术具有多方面的优点而备受关注：（1）可回收硫磺；（2）作为还原剂的 CH_4 在我国西部含量极为丰富；（3）一步达成干法脱硫过程，不产生废渣和废液。因此，CH_4 还原法是一种具有工业化前景的脱硫方法。烃类还原 SO_2 的反应也较为复杂，为了研究方便，通常均用 CH_4 作为还原剂，其主要反应是：

$$2SO_2 + CH_4 \longrightarrow 2[S] + CO_2 + 2H_2O \tag{6-18}$$

式中，[S] 表示气相中不同形式的硫种。反应所需温度也较高，一般在600℃以上，由于伴随有副反应发生，因而副产物很多，主要有 H_2S、COS、CS_2、CO、H_2 和炭黑，因此有人提出要达到含硫废物的彻底清除，必须采用两段反应器[131]，第一段，在800℃时令 CH_4 与 SO_2 反应得到硫磺及其他副产物；第二段，具有还原性的含硫副产物继续与 SO_2 反应生成单质硫。然而两段反应器必然会使生产成本大幅上升，所以一段反应脱硫一直是人们追求的目标。Helmstrom 等人[132] 以活性铝矾土作为催化剂对反应式（6-18）进行了研究，在500～600℃范围内硫的选择性很高，但由于相对低的反应速率，反应物的转化率很低。Sarlis 等人[133]采用 Al_2O_3 催化剂在650～700℃下研究了上述反应在进料比为 $\varphi(SO_2)/\varphi(CH_4)$ 下对反应速率的影响。试验表明，当进料比 $\varphi(SO_2)/\varphi(CH_4)$ 大于2时，生成硫的选择性高，随着温度的增加和进料比的降低，所有产物的生成速率都增加。Mulligan 等将纯的晶体 MoS_2、WS 和 FeS 用于催化反应式（6-18），结果发现，FeS 具有较好的活性和选择性，但在反应过程中不能保持稳定的结构，MoS_2 和 WS_2 在反应中具有稳定的结构，而且 MoS_2 比 WS_2 具有更好的选择性，可是纯的 MoS_2 的表面积很小（约 $4m^2/g$），因此他们又以 MoS_2/Al_2O_3 为催化剂对该反应进行了探索，结果发现所有含 Mo 的催化剂与活性 Al_2O_3 相比，都具有较高的活性和较高的生成硫和 CO_2 产率，其中以负载量为15%的催化剂性能最好，另外，加入5% Co 作为助剂，催化剂的活性反而会下降20%左右。与此研究结果相反，Sarlis 等人比较了两种催化剂（MoO_3/Al_2O_3、$CoO\text{-}MoO_3/Al_2O_3$）对反应式（6-18）的催化性能，发现用 Co-Mo 催化剂所进行的反应速率比单独用 Mo 催化剂高得多，而后者硫产率又比前者有所提高，作者认为这是由于 CH_4 的分解导致了元素碳的形成，从而增加了 H_2S 和 COS 的产率。Nekrich 同样以 Al_2O_3 负载复合金属（Fe、Cu、Cr 和 Mg）氧化物为催化剂，也取得了很好的效果。

对于其他载体的催化剂也有人进行过研究，Yu 以 Co_3O_4 负载于几种不同的载体（SiO_2、5A 和 13X 分子筛及 $\gamma\text{-}Al_2O_3$）上，对甲烷还原 SO_2 到元素硫的反应进行了研究，结果表明，各种载体中，$\gamma\text{-}Al_2O_3$ 的性能为最好，在温度为840℃和空速为 $5000h^{-1}$ 下，当 $\varphi(SO_2)/\varphi(CH_4)$ 等于2时硫的产率最大，可达87.5%。通常氧化物催化剂使用前都要进行硫化，Mulligan 以 MoO_3/Al_2O_3 为催化剂研究了硫化过程对催化剂性能的影响，结果发现硫化过程将大大提高催化剂的性能，而且用 H_2S 进行硫化后的

催化剂性能优于用 $\varphi(SO_2)/\varphi(CH_4)$ 混合气硫化的结果。其原因主要是由于用 H_2S 硫化后的催化剂中钼的硫化程度很高所导致的。

6.1.2.4 碳还原法

用碳作为还原剂，不需要吸收剂和一系列复杂的吸收装置，用煤或焦炭作为还原剂将 SO_2 还原为硫粉的方法还具有还原剂价格便宜，且硫含量高的煤可直接作为还原剂以及产物硫易于储运等优点，因而将会有广阔的发展前景。Lepsoe[134] 曾在 850℃下，使 SO_2 的转化率达到 80% 左右；Pourbaix[135] 也曾在 800℃下，$x(C)/x(S)$ 比为 2.425 时，获得产率为 92% 的单质硫。郑诗礼[136] 等人用活性炭在 800℃进行平衡试验时，硫收率的峰值出现在 $x(C)/x(SO_2)$ 等于 1.48 处，此时硫收率为 52.5%，SO_2 的脱除率为 92.8%。有关活性炭脱除 SO_2 的机理研究报道颇多，大多认为依下列步骤进行：

$$SO_2 + C \longrightarrow C\text{-}SO_2 \tag{6-19}$$

$$\frac{1}{2}O_2 + C \longrightarrow C\text{-}O \tag{6-20}$$

$$H_2O + C \longrightarrow C\text{-}H_2O \tag{6-21}$$

$$C\text{-}SO_2 + C\text{-}O + C\text{-}H_2O \longrightarrow C\text{-}H_2SO_4 + 2C \tag{6-22}$$

6.1.2.5 H_2S 还原法[137]

用 H_2S 来还原 SO_2，可以达到以废治废的目的，脱硫的理论基础是液相 claus 反应。含 SO_2 的废气与还原性气体 H_2S 混合后与吸收液接触，吸收液是酸性的，pH 值在 3.0 ~ 5.5 之间，溶液中存在以下化学平衡和反应：

$$SO_2 + H_2O \rightleftharpoons H^+ + HSO_3^- \tag{6-23}$$

$$HSO_3^- \rightleftharpoons H^+ + SO_3^{2-} \tag{6-24}$$

$$H^+ + Cit_3^{3-} \rightleftharpoons HCit_3^{2-}\ (Cit_3^{3-}\ \text{为柠檬酸根}) \tag{6-25}$$

$$H^+ + HCit_3^{2-} = H_2Cit^- \tag{6-26}$$

$$H^+ + H_2Cit_3^- = H_3Cit_3 \tag{6-27}$$

$$SO_3^{2-} + 2H_2S + 2H^+ = 3S + 3H_2O \tag{6-28}$$

$$SO_3^{2-} + S = S_2O_3^{2-} \tag{6-29}$$

$$5S_2O_3^{2-} + 10H^+ = 2H_2S_5O_6 + 3H_2O \tag{6-30}$$

$$S_2O_3^{2-} + 2H^+ = S + SO_2 + H_2O \tag{6-31}$$

$$H_2S_5O_6 = H_2SO_4 + SO_2 + 3S \tag{6-32}$$

SO_2的溶解过程、还原过程及H^+的缓冲过程几乎同时进行，反应式（6-25）~反应式（6-29）的存在可使SO_2在水中的溶解度增大1倍以上。随着氧化还原反应的进行，溶液中形成了硫代硫酸盐/连多硫酸盐的缓冲体系，硫代硫酸盐与连多硫酸盐在吸收液中的物质的量浓度在0.1~2.0mol/L之间。由于溶液是酸性的，CO_2气体不能溶解在吸收液中。

在前人的研究以及本试验室前期研究的基础上，本书提出了利用生物质热解气选择性催化还原烟气中SO_2的方法。生物质热解气中其主要成分为CO、H_2、CH_4，但是由于生物质种类的不同，以及热解条件的不一样，所以产物的生物质热解气中CO、H_2、CH_4的体积分数也不一样，在试验生产中需要根据SO_2的体积分数来决定所需的生物质热解气。在本次研究中只进行了一定情况下生物质热解气选择性催化还原烟气中的SO_2，讨论该法的可行性。本方法还可适用于治理并利用其他生产中产生的SO_2烟气，具有广泛的应用价值。

生物质热解气还原二氧化硫制单质硫的基本原理是利用生物质热解中产生的CO、H_2、CH_4为还原剂，将烟气中的SO_2还原成单质硫，获得有用的化工产品。由于生物质热解状况的不同，产生的CO、H_2、CH_4体积分数不一样，烟气中

SO_2体积分数也不一样，需根据 SO_2的含量，进行 CO、H_2、CH_4的体积分数调节。催化剂则以 Al_2O_3为载体，Cu 为活性组分，然后分别添加 Fe、Co、Ni、Mo 等过渡金属元素改性 Cu/Al_2O_3催化剂。

6.2 催化剂的制备

一些有实际用途的催化剂，不管是多相的，还是均相的，除少数是由单一物质组成的外，多数是由多种成分组合而成的混合体。按各种成分所起的作用，大致可将其分为三类[138,139]，即主催化剂（通常又叫活性成分）、助催化剂和载体，而在实际使用时则统称为催化剂。主催化剂是催化剂的主要成分——活性组分，对催化剂的活性起决定性作用，也是起催化作用的根本性物质。在寻找和设计某种反应所需要的催化剂时，活性组分的选择是首要步骤。

助催化剂是催化剂中具有提高主催化剂的活性、选择性，改善催化剂的耐热性、抗毒性、机械强度和寿命等性能的组分。在催化剂中只要添加少量助催化剂，即可明显达到改进催化剂性能的目的。助催化剂通常可区分为：（1）结构助催化剂：（2）电子助催化剂；（3）晶格缺陷助催化剂；（4）选择性助催化剂；（5）扩散性助催化剂。为此在催化剂制备过程中，有时加入一些受热容易挥发的物质，使制成的催化剂具有很多孔隙，以利于传质通顺，这类添加物称为扩散催化剂。总之，助催化剂可以改善催化剂的活性和选择性等性能。

载体是固体催化剂的重要组成部分。顾名思义载体就是主催化剂物质的分散剂、黏合剂或支撑体，是负载主催化剂和助催化剂的骨架。但有时还能担当共催化剂和助催化剂的角色。与助催化剂不同，通常载体在催化剂中的含量远比助催化剂大。一般情况下载体的作用在于改变主催化剂的形态结构，对主催化剂起分散作用和支撑作用，从而增加催化剂的有效表面积，提高机械强度和耐热稳定性，并降低催化剂的造价。

6.2.1 催化剂制备过程中所需要的化学试剂

试验所用试剂见表6-2。

表6-2 试验所用试剂

试剂名称	分子式	相对分子质量	纯度/%	等级	生产厂家
硝　酸	HNO_3	63.01	65~68	分析纯	成都市金山化工试剂厂
异丙醇铝	$C_9H_{21}AlO_3$	204.23	≥99.5	分析纯	中国医药上海化学试剂公司
硝酸铈	$Ce(NO_3)_3 \cdot 6H_2O$	434.23	≥99	分析纯	天津光复精细化工研究所
硝酸铁	$Fe(NO_3)_3 \cdot 9H_2O$	400	≥98	分析纯	洛阳市化学试剂厂
硝酸镍	$Ni(NO_3)_2 \cdot 6H_2O$	290.80	≥98	分析纯	洛阳市化学试剂厂
硝酸镧	$La(NO_3)_3 \cdot nH_2O$	—	≥44	分析纯	上海化学试剂公司
硝酸铜	$Cu(NO_3)_2 \cdot 3H_2O$	241.6	≥99.5	分析纯	天津市博迪化工有限公司
氧化铝	Al_2O_3	101.96	≥93.8	分析纯	上海五四化学试剂厂
硝酸铝	$Al(NO_3)_3 \cdot 9H_2O$	375.13	≥98	化学纯	上海振欣试剂厂
硝酸钴	$Co(NO_3)_2 \cdot 6H_2O$	291.03	≥99.8	分析纯	洛阳市化学试剂厂
钼酸铵	$(NH_4)_6Mo_7O_{24} \cdot 4H_2O$	1236	≥98	分析纯	洛阳市化学试剂厂
氨　水	NH_3	17.03	25~28	分析纯	中国医药上海化学试剂公司

6.2.2 试验设备

试验主要设备见表6-3。

表6-3 试验主要设备

设备名称	型　号	生产厂家
程序升温仪	CKW-1100 型	北京市朝阳自动化仪表厂
电热鼓风干燥箱	DFG-20022 型	中国重庆试验设备厂
管式电阻炉	623.1 型	上海松江电工厂
空压机	ACO-338D	广东海利集团有限公司
接触调压器	TD6C-1/0.5	昆明市电子仪表厂
箱式电阻炉	SXb-4-30	沪南试验仪器厂
玻璃转子流量计	LZB-3	余姚工业自动化仪表厂
数显温控仪	XM7	上海仪川仪表厂
旋转蒸发仪	RE-52AA 型	上海亚荣生化仪器厂
循环水式真空泵	SHZ-D（Ⅲ）型	河南巩义市英峪予华仪器厂
恒温磁力搅拌器	2003-11 型	常州国华仪器厂
真空干燥器	KQ-B	河南巩义市英峪予华仪器厂
分样筛	80、100 目	浙江上虞市五四建材仪器厂
电热蒸馏水器	HS-211-10 型	上海医用核子仪器厂

6.2.3 催化剂的制备方法

（1）浸渍法。用一定浓度的硝酸铜溶液（或是硝酸铜和用于改性的硝酸盐的混合溶液）反复浸渍等体积的商品 Al_2O_3 载体12h，再在105℃干燥12h，最后在一定温度下焙烧4h，经过研磨，即得所需催化剂。

（2）共沉淀法[140~142]。按照一定的化学计量比配制硝酸铜溶液和硝酸铝溶液，然后用25%的氨水（质量分数）进行滴定，进行沉淀反应，温度控制在70~80℃，其pH值控制在7.2~7.6。在沉淀反应中生成的无用盐类从沉淀中用水洗涤除去，或采用煅烧方法分解挥发除去。将所得沉淀物经过洗涤、过滤后，在105℃干燥12h，再放入焙烧炉在一定温度下焙烧4h，然后经过研磨即得所需要的催化剂。

（3）溶胶-凝胶法+浸渍法[143,144]。首先用溶胶-凝胶法制备出氧化铝，具体过程如下：在旋转蒸发仪中，将一定量的异丙醇铝（$C_9H_{21}AlO_3$）以1∶100的摩尔比溶解于90℃的蒸馏水中，恒温搅拌1h，加入适量硝酸，在相同温度下继续旋转1h，形成溶胶。减压抽滤，大幅消减液体体积后倒出，在室温下形成凝胶。静置老化一夜后。在105℃下干燥12h。放入马弗炉在600℃空气气氛中焙烧4h。研磨筛分到一定粒度，然后用一定浓度的硝酸铜溶液（或硝酸铜与用于改性的硝酸盐的混合溶液）等体积浸渍自制的Al_2O_3载体12h，然后经过一定温度的干燥、焙烧、研磨制成所需粒径的催化剂。其主要设备见图6-1。

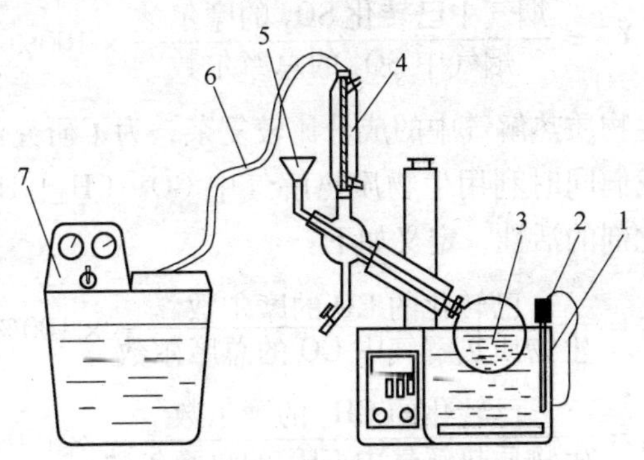

图6-1　溶胶-凝胶法制备氧化铝的主要设备图

1—旋转蒸发仪；2—热电偶；3—凝胶；4—冷凝管；
5—加液漏斗；6—皮管；7—循环水真空泵

本书主要采用这三种方法进行催化剂的制备研究。还有一些其他催化剂制备的新技术，例如：（1）超临界技术；（2）纳米技术；（3）成膜技术；（4）微晶化技术；（5）主体-客体组装技术。在这里不进行介绍。

6.3 催化剂的评价

6.3.1 催化剂的评价指标

催化剂的三项基本功能（活性、选择性和稳定性）是衡量催化剂的最直观、最有实际意义的参量，常称之为三大指标。在本书研究中，首先考虑催化剂的活性与选择性作为性能评价的主要指标，同时也研究催化剂的稳定性。

催化剂的活性是表示催化剂加快化学反应速度的一种量度，其实际上是指催化反应速度与非催化反应速度之差。相比之下，非催化反应速度可以小到忽略不计，催化剂的活性，实际上就相当于催化反应的速度。我们用主要反应物 SO_2在给定反应条件下的转化率（X_1）来表示催化活性，其定义为：

$$X_1 = \frac{\text{烟气中已转化 } SO_2 \text{ 的摩尔数}}{\text{烟气中 } SO_2 \text{ 的总摩尔数}} \times 100\%$$

因为生物质热解气中的成分比较复杂，为了研究催化剂活性的方便，我们同时利用生物质热解气中 CO、CH_4、H_2的转化率来判断催化剂的活性，定义如下：

$$X_2 = \frac{\text{已转化的 CO 的摩尔数}}{\text{生物质热解气中 CO 的总摩尔数}} \times 100\%$$

$$X_3 = \frac{\text{已转化的 } CH_4 \text{ 的摩尔数}}{\text{生物质热解气中 } CH_4 \text{ 的总摩尔数}} \times 100\%$$

$$X_4 = \frac{\text{已转化的 } H_2 \text{ 的摩尔数}}{\text{生物质热解气中 } H_2 \text{ 的总摩尔数}} \times 100\%$$

催化剂的选择性是指催化剂并不是对热力学允许的所有化学反应都有同样的功能，而是特别有效地加速平行反应或连串反应中的一个反应。选择性的量度有两种：一种是主产物的产率，或称选择率，它最为通用；二是选择性因子，也称选择度，理论研究中常用。本书用主产物单质硫的产率 Y_S 表示催化剂的选择性。

$$Y_S = \frac{\text{已生成硫单质的摩尔数}}{\text{烟气中已转化 } SO_2 \text{ 的总摩尔数}} \times 100\%$$

只有同时具备高活性和高选择性的催化剂，才可能得到高产量的目的产物。

催化剂的稳定性是显示其活性和选择性随时间的变化情况，通常以寿命表示。寿命是指催化剂在作用条件下维持一定活性和选择性水平的时间（单程寿命），或者每次下降后经再生而又恢复到许可水平的累计时间（总寿命）。测定一种催化剂的活性和选择性费时不多，而要了解其稳定性和寿命则需花很多时间。对于工业催化剂来说，稳定性和寿命是至关重要的。在本研究中通过近 120h 的连续运行，来进行催化剂的稳定性研究。

6.3.2　催化剂性能评价装置及试验流程

本试验研究所用的催化剂性能系统流程如图 6-2 所示，经过测试，该系统具有良好的可操作性。催化剂性能评价所涉及的主要仪器包括催化反应器、温控仪、流量计和各种阀门等。本研究用内径为 1cm 的石英管作为固定床反应器，经空白试验证明，对还原反应无催化作用。反应器中催化剂的用量为 0.5g，试验

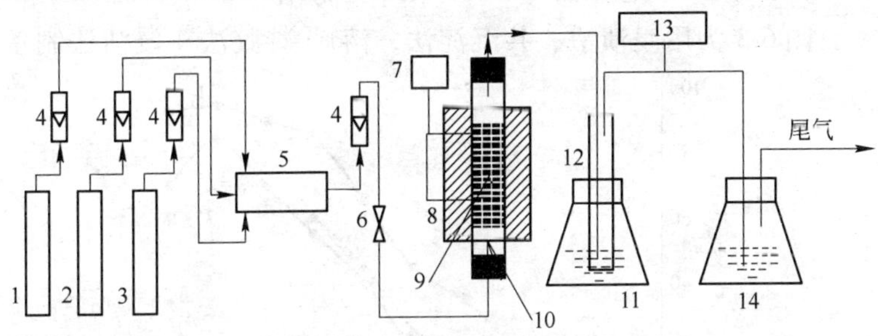

图 6-2　催化剂性能评价试验装置流程图

1—N_2 钢瓶；2—SO_2 钢瓶；3—生物质热解气气源（CO、CH_4、H_2 的混合气）；4—气体流量计；5—气体混合器；6—截止阀；7—温控仪；8—热电偶；9—装入反应器的催化剂；10—催化反应器；11—冷却瓶；12—硫回收装置；13—气相色谱分析仪；14—尾气吸收液（内装硫代硫酸钠）

条件为常压。二氧化硫与生物质热解气用氮气稀释、混合后进入反应器。在反应器的出口端有一冰水冷凝器（温度保持在0℃左右）用来收集反应生成的单质硫以及水蒸气。从冷凝器出来的气体进入气相色谱仪（GC122 型气相色谱仪）进行气体中 CO、CH_4、H_2、SO_2成分的分析，单质硫的产量用差重法进行测量。

6.4 选择性催化还原烟气中 SO_2的研究

6.4.1 制备方法及制备条件对催化剂性能的影响

制备方法是影响催化剂性能的一个重要因素，本研究选择了三种不同的制备方法制备出了 Cu 负载量为10%（质量分数）的 Cu/Al_2O_3催化剂。制备条件分别是：焙烧温度 700℃，焙烧时间 4h，催化剂粒径为 0.175 ~0.147mm（80 ~100 目）。其他制备条件按 6.2.4 节所述。再将制得的催化剂取 0.5g 装入内径为 1cm 的连续流动固定床反应器中。其他试验流程如图 6-2 所示。其中反应气的组成为 $\varphi(SO_2)=15\%$，φ(生物质热解气) = 50%，生物质热解气中 $\varphi(CO)=30\%$，$\varphi(CH_4)=15\%$，$\varphi(H_2)=10\%$，其余为氮气，总流量为 200mL/min。

6.4.1.1 制备方法对 SO_2转化率的影响

图 6-3 为用浸渍法、共沉淀法、溶胶-凝胶法 + 浸渍法制备

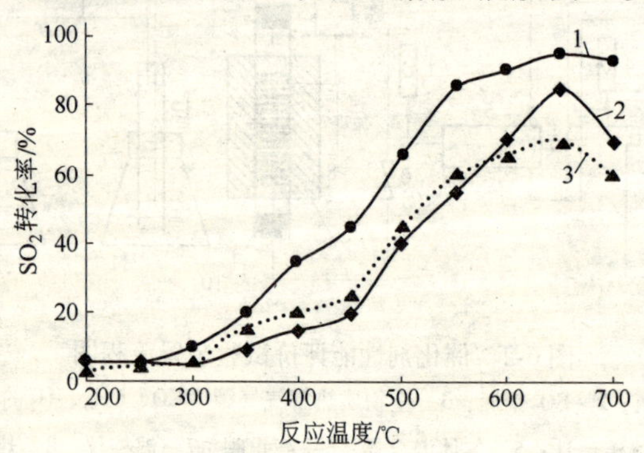

图 6-3 制备方法对 SO_2转化率的影响

1—溶胶-凝胶法 + 浸渍法；2—共沉淀法；3—浸渍法

的催化剂在一定反应条件下 SO_2 的转化率与反应温度的关系。从图中可以看出，制备方法对催化剂的 SO_2 转化率只有较重要的影响。三种方法中，使用溶胶-凝胶法+浸渍法制得的催化剂，SO_2 转化率最高，在650℃达到近95%；共沉淀法次之；使用浸渍法制备的催化剂，SO_2 最大转化率不高，不超过70%。但可以看出，使用浸渍法制得的催化剂低温活性比较好，在550℃时达到将近60%。

6.4.1.2 制备方法对生物质热解气中各种气体转化率的影响

图6-4~图6-6分别表示使用不同的制备方法制备的催化剂对生物质热解气中三种主要气体成分转化率的影响。由图6-4~图6-6可以看出，三种方法制备的Cu负载量为10%（质量分数）的 Cu/Al_2O_3 催化剂在试验条件下对CO、CH_4、H_2 的转化率的影响随反应温度的增加而增加，且在一定温度下转化率达到最高，其中溶胶-凝胶法+浸渍法最好，在600~650℃时，生物质热解气的转化率达到最高，CO为85%，CH_4 为75%，H_2 为65%。浸渍法与共沉淀法相比，在较低的温度范围内前者的CO、CH_4、H_2 转化率高于后者，而在温度高于300℃的情况下，共沉淀法的CO、CH_4、H_2 转化率又高于浸渍法。这可能是浸渍法制备的催化剂活性组分主要分布在催化剂表面，致使低温活性较好的原因。

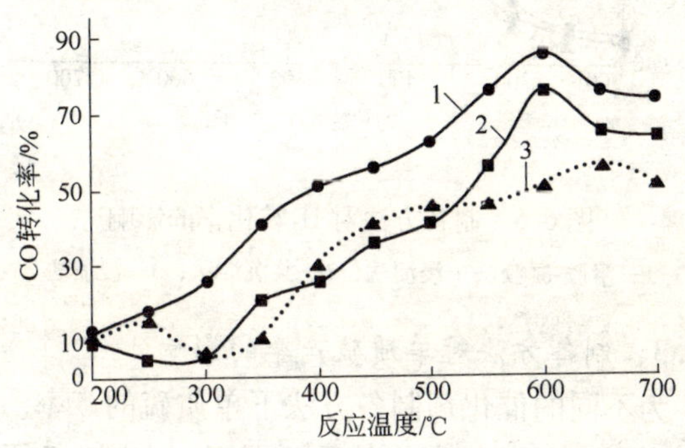

图6-4 制备方法对CO转化率的影响

1—溶胶-凝胶法+浸渍法；2—共沉淀法；3—浸渍法

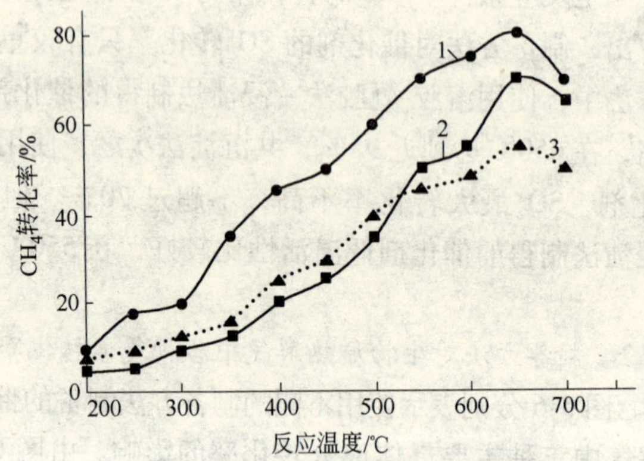

图 6-5　制备方法对 CH_4 转化率的影响

1—溶胶-凝胶法 + 浸渍法；2—共沉淀法；3—浸渍法

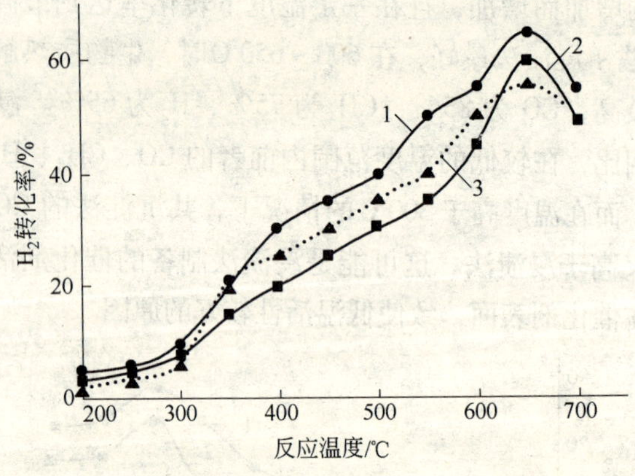

图 6-6　制备方法对 H_2 转化率的影响

1—溶胶-凝胶法 + 浸渍法；2—共沉淀法；3—浸渍法

6.4.1.3　制备方法对单质硫产率的影响

图 6-7 为不同的催化剂制备方法下单质硫的产率。单质硫的产率是评价催化剂选择性好坏的重要因素。由图 6-7 可知，利用溶胶-凝胶法 + 浸渍法制备的催化剂在 600℃单质的转化率达到了

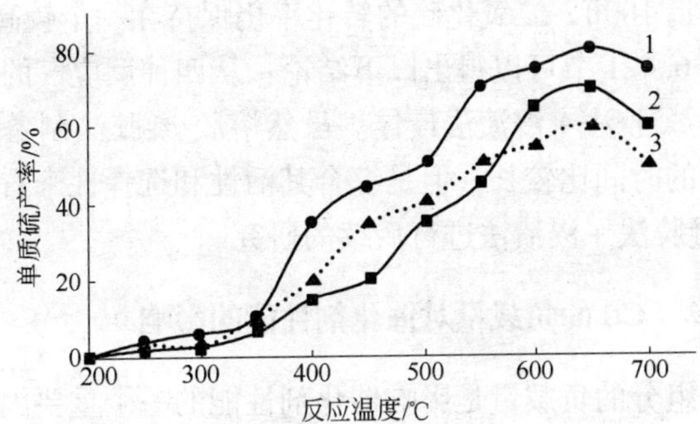

图 6-7 制备方法对单质硫产率的影响

1—溶胶-凝胶法 + 浸渍法；2—共沉淀法；3—浸渍法

最高 85%，说明利用溶胶-凝胶法制备的催化剂对 SO_2 转化的选择性比较好。

6.4.1.4 制备方法对催化剂稳定性的影响

由图 6-8 可知，不同方法制备的催化剂性能达到稳定的时间也不一样，浸渍法与共沉淀法制备的催化剂在较短的时间（大约为 1h）内达到了性能的稳定，而溶胶-凝胶法制备的催化剂大约在反应 2h 后达到基本稳定，但稳定持续的时间都比较好，连

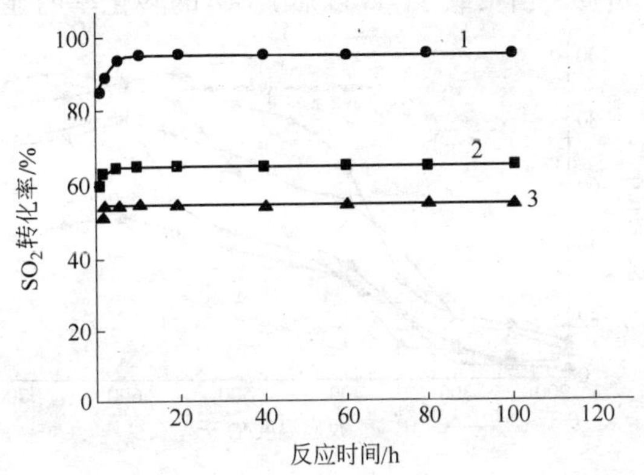

图 6-8 SO_2 转化率随反应时间的变化

（反应温度为 650℃）

1—溶胶-凝胶法 + 浸渍法；2—共沉淀法；3—浸渍法

续试验将近100h，二氧化硫的转化率仍保持在一个较高的水平。

综合6.4.1节可以得出以下结论：从四种反应气的转化率来看，溶胶-凝胶法+浸渍法最佳。虽然溶胶-凝胶法制备的催化剂达到稳定的时间比较长，但是综合其活性和选择性来看，仍然选择溶胶-凝胶法+浸渍法进行后续的研究。

6.4.2 Cu的负载量对催化剂性能的影响

活性组分的负载量是影响催化剂性能的一个重要因素，它直接关系到催化剂表面活性位的数量，进而影响到催化剂的催化转化活性。为了确定相同反应条件下，Cu/Al_2O_3催化剂上活性组分Cu的最佳负载量，本研究采用溶胶-凝胶法+浸渍法制备了具有不同活性组分负载量的一系列催化剂，Cu负载量（质量分数）分别为：0%，5%，10%，15%和20%（以Cu占载体Al_2O_3的质量分数计）。考察了这些催化剂上的SO_2与生物质热解气的转化率、单质硫产率以及催化剂的稳定性。

6.4.2.1 Cu的负载量对SO_2转化率的影响

由图6-9可知，当Cu的负载量为0时，SO_2转化率较低，最高不超过50%，当负载了Cu以后，SO_2的转化率明显增大。其

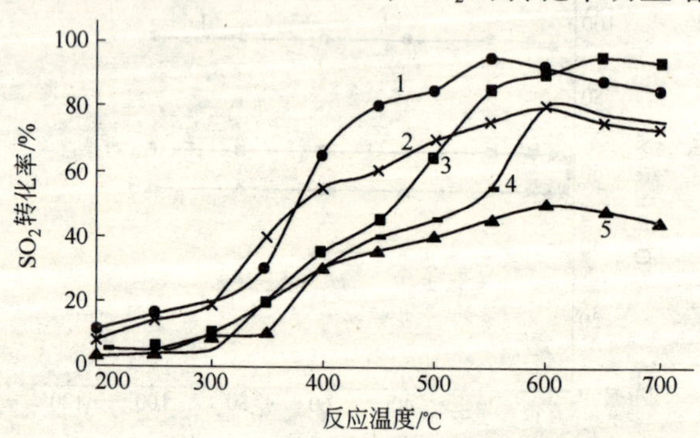

图6-9 Cu的负载量（质量分数）对SO_2转化率的影响

1—w(Cu)=15%；2—w(Cu)=20%；3—w(Cu)=10%；

4—w(Cu)=5%；5—w(Cu)=0%

中 Cu 的负载量为 10%（质量分数）的催化剂在 650℃时 SO_2 的转化率达到 95%（达到最高）；Cu 的负载量为 15%（质量分数）的催化剂在 550℃时 SO_2 的转化率就达到 95%；Cu 的负载量为 10%（质量分数）的催化剂在 500℃时 SO_2 的转化率仅有 85%；Cu 的负载量为 5% 和 20%（质量分数）的催化剂 SO_2 的转化率都不超过 80%。同时，Cu 的负载量为 15%（质量分数）时的催化活性温度窗口为 450 ~ 700℃，温度区间较宽，而且，Cu 的负载量为 15%（质量分数）的催化剂其最大活性温度最低，仅为 550℃。以上试验事实说明，活性组分过多过少都会降低催化剂的活性，催化剂的活性组分存在一个最佳负载量。这可能是由于，若活性组分负载太少，催化剂所能提供的反应活性位比较少，不利于催化反应的进行；而负载过多，又可能造成催化剂表面的微孔堵塞，从而使其表面积减少，影响催化剂的活性。所以 Cu 的负载量为 15%（质量分数）的 Cu/Al_2O_3 催化剂，SO_2 的转化率最高，活性温度最低，即催化剂的活性最好。

6.4.2.2 Cu 的负载量对生物质热解气转化率的影响

从图 6-10 ~ 图 6-12 可知，CuO 的负载量为 0 时，生物质热

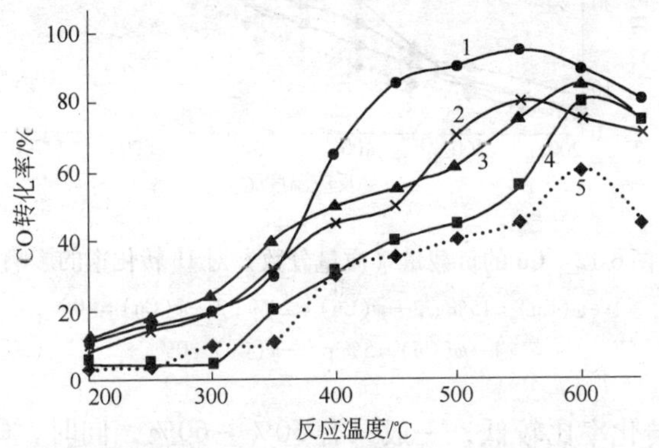

图 6-10 Cu 的负载量（质量分数）对 CO 转化率的影响

1—w(Cu) = 15%；2—w(Cu) = 20%；3—w(Cu) = 10%；
4—w(Cu) = 5%；5—w(Cu) = 0%

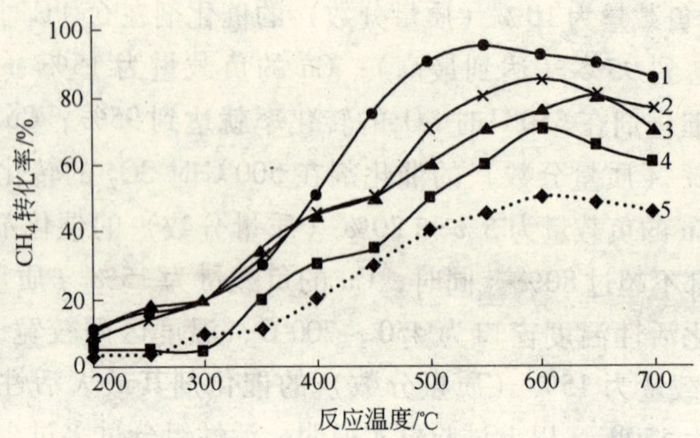

图 6-11　Cu 的负载量（质量分数）对 CH_4 转化率的影响

1—w(Cu) = 15%；2—w(Cu) = 20%；3—w(Cu) = 10%；

4—w(Cu) = 5%；5—w(Cu) = 0%

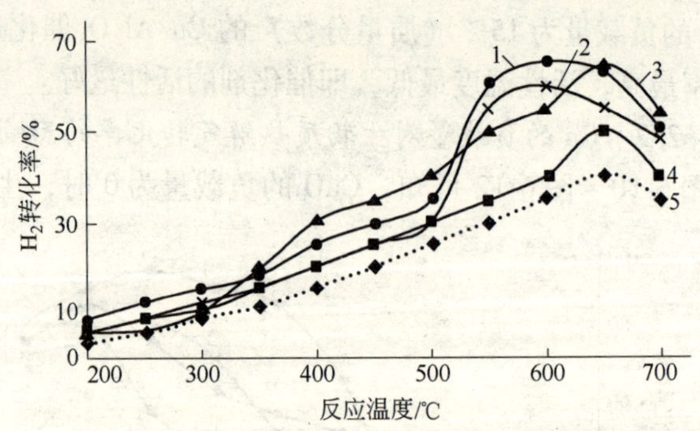

图 6-12　Cu 的负载量（质量分数）对 H_2 转化率的影响

1—w(Cu) = 15%；2—w(Cu) = 20%；3—w(Cu) = 10%；

4—w(Cu) = 5%；5—w(Cu) = 0%

解气的转化率比较低，一般只有 50% ~60%，同时，CuO 的负载量不同时，在低温下没有显现出它的优越性，但到高温时，CuO 的负载量不同时的生物质热解气转化率就有明显的不同，其中 CuO 的负载量为 15%（质量分数）的 Cu/Al_2O_3 催化剂，更是显现出其优越性，其转化率与活性温度区间都有较大的增加。由此可以证实，Cu 物种促进了生物质热解气的转化。所以可以认为，Cu 是催化剂的活性成分，而 Al_2O_3主要是起载体作用。

6.4.2.3　Cu 的负载量对单质硫产率的影响

图 6-13 为不同的活性组分负载量对单质硫产率的影响，从图中可以看出，Cu 的负载量为 15% 的催化剂表现出较大的优势，不仅单质硫的产率有较大的提高，而且反应的温度也有所降低，反应的活性区间也比较宽。

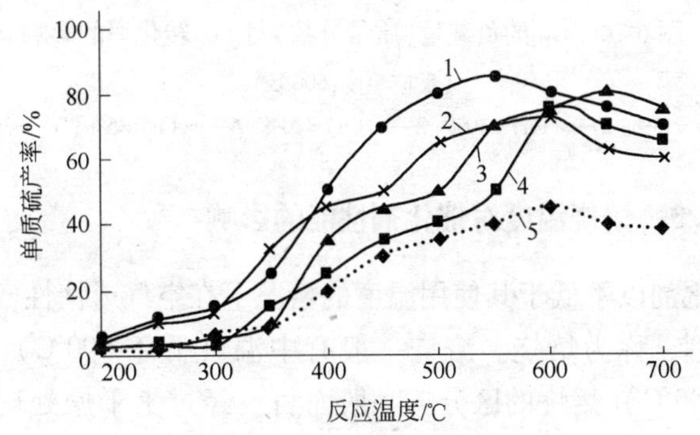

图 6-13　Cu 的负载量（质量分数）对单质硫产率的影响

1—w(Cu)=15%；2—w(Cu)=20%；3—w(Cu)=10%；

4—w(Cu)=5%；5—w(Cu)=0%

6.4.2.4　Cu 的负载量对催化剂稳定性的影响

由图 6-14 可知，不同活性组分的负载量对催化剂稳定性的影响不是很大。但是活性组分量很少时催化剂达到稳定的时间比较长。由图 6-13 与图 6-14 可知，不同的活性组分负载量的催化剂对单质硫产率的影响与对生物质热解气的影响规律具有一致性。

由 6.4.2 节，可认为 Cu 是催化剂的活性成分，Cu 的负载量是影响催化剂活性的重要因素。并且存在一个 Cu 的最佳负载量：15%（质量分数）。

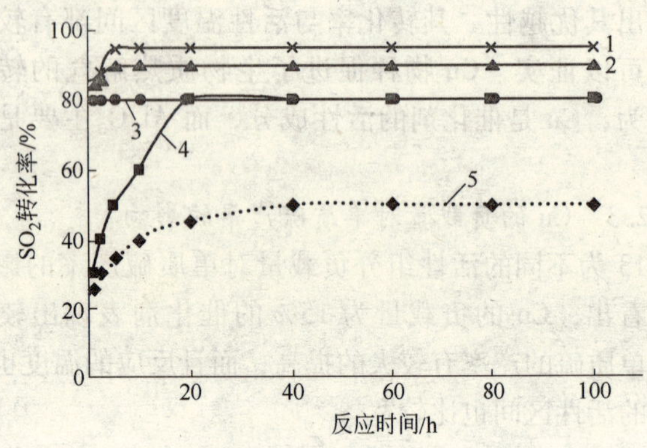

图 6-14 Cu 的负载量(质量分数)对 SO_2 转化率的影响

(反应温度:600℃)

1—w(Cu) = 15%;2—w(Cu) = 10%;3—w(Cu) = 20%;4—w(Cu) = 5%;5—w(Cu) = 0%

6.4.3 焙烧温度对催化剂性能的影响

催化剂以不低于其使用温度的情况下在空气或惰性气流下进行热处理，称为焙烧。焙烧一般有中温（低于 600℃）和高温（高于 600℃）焙烧的区分。一般而言，经过了干燥处理的物料通常含有水合氧化物或可热解的硅酸盐等。这些化学形态既不是催化剂所要求的化学状态，也尚未具备适宜的物理结构，也没有形成活性中心，对反应不起催化作用，称为催化剂的钝态。焙烧的目的是去除催化剂或载体当中的有机物、物理和化学吸附的水等无机物，使催化剂得到活化。催化剂在焙烧过程中既有物理变化，也有化学变化，这是使催化剂具有活性的重要步骤。

焙烧温度是催化剂制备的一个重要参数，也是影响催化剂活性的一个重要因素。焙烧温度对催化剂的物理选择性和表面特性产生强烈的影响。焙烧温度直接影响活性组分在载体表面的分布以及状态。焙烧条件包括最终焙烧温度、升温速度、焙烧时间、气氛和气体流量等。本书考察了用溶胶-凝胶法 + 浸渍法制备的 Cu 的负载量为 15%（质量分数）的催化剂样品分别在 550℃、

650℃、750℃、850℃焙烧4h时的活性、选择性和稳定性的差别。

6.4.3.1 焙烧温度对 SO_2 转化率的影响

由图6-15可知，在低温反应区间，不同焙烧温度下的催化剂以及 SO_2 的转化率并没有表现出明显的不同，随着反应温度的增加，SO_2 的转化率也随着增加，并且在高温反应区，不同焙烧温度下催化剂的活性就有了较大的差别。在较高的焙烧温度下，SO_2 在较低的反应温度下就达到了最高的转化率。在焙烧温度为750℃的催化剂作用下，当反应温度为500℃时，SO_2 的转化率达到最高。

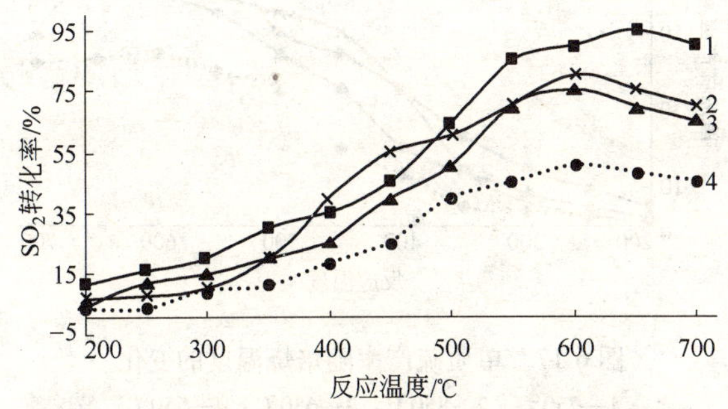

图6-15 SO_2 的转化率随焙烧温度的变化

1—750℃；2—850℃；3—650℃；4—550℃

6.4.3.2 焙烧温度对生物质热解气转化率的影响

由图6-16可知，焙烧温度对生物质热解气的转化率有较大

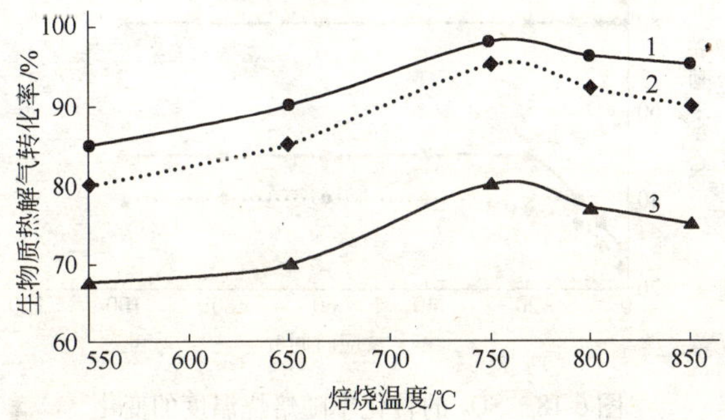

图6-16 生物质热解气最高转化率随焙烧温度的变化

1—H_2；2—CO；3—CH_4

的影响，并且在焙烧温度为750℃时，三种气体的转化率都达到了最高，而且 CO 的转化率大于90%。

6.4.3.3　焙烧温度对单质硫产率的影响

由图6-17可知，在焙烧温度为750℃时，单质硫的产率达到了最高，并且在高温反应区，这种表现就更为明显。

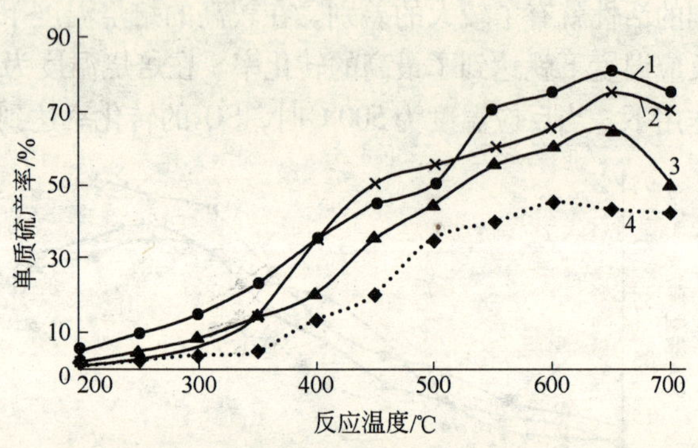

图6-17　单质硫产率随焙烧温度的变化

1—750℃；2—850℃；3—650℃；4—550℃

6.4.3.4　焙烧温度对催化剂稳定性的影响

由图6-18可知，随着焙烧温度的增加，催化剂的稳定性越

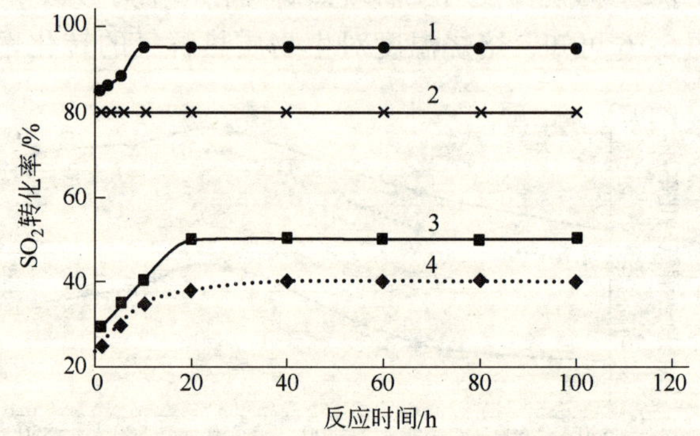

图6-18　SO_2 的转化率随焙烧温度的变化

（反应温度：600℃）

1—750℃；2—850℃；3—650℃；4—550℃

好，在850℃下焙烧过的催化剂，在最短的反应时间内达到了稳定；另外，则是在750℃下焙烧过的催化剂达到稳定的时间最短，保持稳定的时间却最长。所以在750℃焙烧过的催化剂活性最好。

综合6.4.3节可知，催化剂的焙烧温度选择750℃最合适。这种情况可以使催化剂的活性和选择性也达到最佳。

6.4.4 反应条件对催化剂性能的影响

尽管催化剂的制备方法与制备条件对催化剂的性能具有决定性的影响，但催化剂的使用条件对催化剂的性能也具有决定性的作用，所以本书对催化剂实际使用中反应条件（总流量200mL/min，催化剂质量0.5g）对催化剂性能的影响也进行了研究。

6.4.4.1 SO_2与生物质热解气的比率对催化剂性能的影响

图6-19表示在不同的反应气配比下反应温度对SO_2转化率的影响。随着SO_2与生物质热解气配比的提高，SO_2的转化率逐渐降低，但仍然是随着反应温度的提高而提高，这是因为随着SO_2体积分数的增加，可能生物质热解气中的CO、CH_4、H_2不足以把全部的SO_2还原，所以随着配比的提高，SO_2的转化率降低。

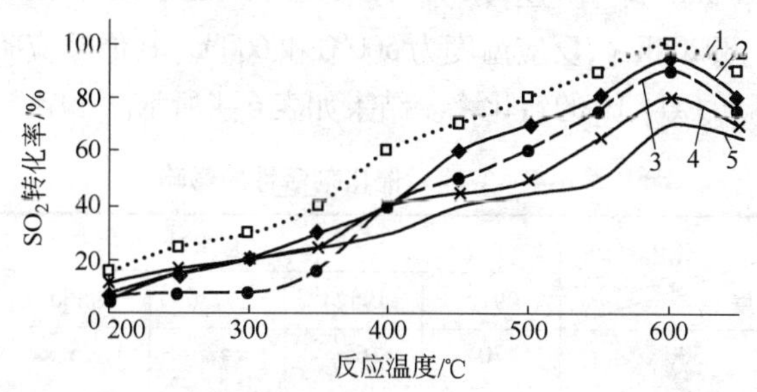

图6-19 反应气配比对SO_2转化率的影响

1—1∶10；2—2∶10；3—3∶10；

4—5∶10；5—8∶10

图 6-20 表示在不同的反应气配比下单质硫的产率随反应温度的变化。随着 SO_2 与生物质热解气配比的提高，单质硫的产率逐渐增大，这可能是由于 SO_2 本身的转化率降低的原因。综合考虑催化剂的活性和选择性，我们认为选择 $\varphi(SO_2)/\varphi$(生物质热解气) = 3/10，催化剂的性能最为稳定。

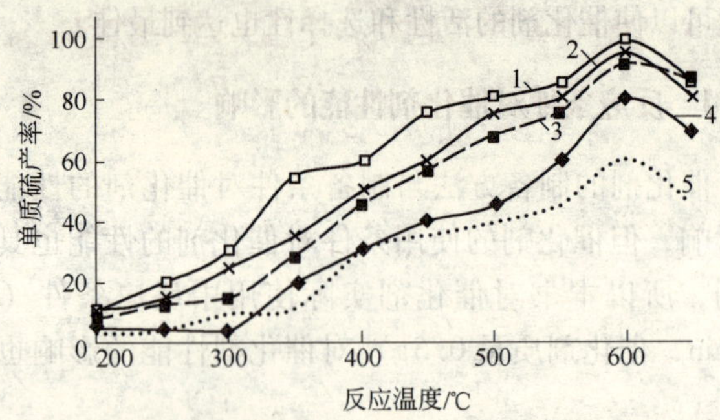

图 6-20　反应气配比对单质硫产率的影响

1—8 : 10；2—5 : 10；3—3 : 10；4—2 : 10；5—1 : 10

6.4.4.2　空速对催化剂性能的影响

对于空速对催化剂性能影响的研究，我们通过改变进气流量来改变空速。试验考察了流速 0.1L/min、0.2L/min、0.3L/min、0.5L/min、0.9L/min 即空速分别为 $9912h^{-1}$，$19824h^{-1}$，$29736h^{-1}$，$49560h^{-1}$，$89208h^{-1}$，反应温度为 500℃和 600℃，其他反应条件不变时，SO_2、CO、CH_4、H_2 的转化率。结果如表 6-4 所示。

表 6-4　空速对催化剂活性的影响

类别	反应温度/℃　转化率/%	空速/h^{-1}				
		9912	19824	29736	49560	89208
SO_2	500	70	65	42	36	30
	550	90	85	50	41	32
	600	93	90	80	61	43
	650	98	95	61	52	38
	700	95	93	75	50	30

续表 6-4

类别	反应温度/℃ \ 转化率/%	空速/h^{-1} 9912	19824	29736	49560	89208
CO	500	75	62	59	46	35
	550	85	75	62	53	48
	600	90	85	86	71	56
	650	85	75	73	64	45
CH_4	500	65	60	56	50	46
	550	75	70	65	59	51
	600	88	80	76	65	57
	650	75	70	60	56	50
H_2	500	50	40	35	30	20
	550	55	50	45	40	30
	600	60	55	50	45	35
	650	70	65	55	50	40

空速可由式（6-1）计算得到

$$v = \frac{F}{V} = \frac{F}{m/\rho} \tag{6-1}$$

式中 v——空速，h^{-1}；

F——反应物流的速度（标态），m^3/h，（0.2L/min = 0.012m^3/h）；

V——催化剂体积，m^3；

m——催化剂质量，kg；本试验取 $m = 0.0005$kg；

ρ——催化剂的堆密度，kg/m^3，本试验所用催化剂的 ρ = 826kg/m^3。

本试验的空速为：

$$v = \frac{0.012}{0.0005/826} = 19824 \quad (h^{-1})$$

从表6-4的分析可知，在考察的空速范围内，SO_2、CO、H_2转化率随着空速的增大而减小，温度越高减小的幅度越大。这可能是空速的增加使原料气与催化剂接触时间减少，接触不够充分，不能提供足够的选择性催化还原的时间，从而使转化率降低。然而，CH_4的转化率随着空速的变化并不明显。这与甲烷燃烧反应的规律相一致[113]。所以，适当降低空速对提高整体转化率是有利的。

6.5 过渡金属元素的添加对催化剂性能的影响研究

许多过渡元素及其化合物具有独特的催化性能[145~147]，例如，在反应过程中，过渡元素可形成不稳定的配合物，这些配合物作为中间产物可起到配位催化作用；过渡元素也可通过提供适宜的反应表面，起到接触催化作用。在第一系列过渡金属离子中，大部分金属离子都具有多价氧化态。这是因为过渡金属元素的d轨道能量很接近s轨道能量，处于这些轨道上的电子都能起价电子作用，使他们能够成为多种氧化态。过渡金属元素离子填有电子的最高能级轨道是d轨道，且电子为充满，容易与外来离子和分子形成络合物，正是这些基本性质使过渡金属元素离子具有典型的金属离子所没有的催化性能。

一个具有催化活性的过渡金属离子，必须能够达到充分高的价态以从S中夺取电子，然后产生活跃的中介质，中介质又促进反应。以上过程进行得越容易，则金属离子的催化作用越强。在催化剂的设计优化中，常通过添加一种或几种过渡金属元素来改善催化剂的性能。本试验选择了Fe、Co、Ni和Mo四种过渡金属元素进行研究。

利用等体积浸渍法是将一定浓度的$Fe(NO_3)_3 \cdot 9H_2O$、$Co(NO_3)_2 \cdot 6H_2O$、$Ni(NO_3)_2 \cdot 6H_2O$、$(NH_4)_6Mo_7O_{24} \cdot 4H_2O$分别和利用$Cu(NO_3)_2$混合溶液通过溶胶-凝胶法制备的$Al_2O_3$催化剂浸渍12h，再进行干燥、750℃焙烧4h等工序。这些催化剂的配比（质量分数）为：1% Fe + 15% Cu/Al_2O_3、5% Fe + 15% Cu/Al_2O_3、

8% Fe + 15% Cu/Al_2O_3、1% Co + 15% Cu/Al_2O_3、5% Co + 15% Cu/Al_2O_3、8% Co + 15% Cu/Al_2O_3、1% Ni + 15% Cu/Al_2O_3、5% Ni + 15% Cu/Al_2O_3、8% Ni + 15% Cu/Al_2O_3、1% Mo + 15% Cu/Al_2O_3、5% Mo + 15% Cu/Al_2O_3、8% Mo + 15% Cu/Al_2O_3。试验结果如表 6-5 所示。

表 6-5　过渡金属元素改性 Cu/Al_2O_3 系列催化剂对 SO_2 转化率的影响　%

催化剂 \ 反应温度/℃	250	350	450	500	550	650
15% Cu/Al_2O_3	16.72	30.56	85.57	90.23	82.83	72.49
1% Fe + 15% Cu/Al_2O_3	30.43	40.39	88.61	93.54	80.57	75.82
5% Fe + 15% Cu/Al_2O_3	40.62	60.64	90.18	95.38	85.61	80.74
8% Fe + 15% Cu/Al_2O_3	25.31	30.18	75.27	88.65	81.43	70.68
1% Co + 15% Cu/Al_2O_3	30.12	45.01	85.03	95.12	93.21	85.14
5% Co + 15% Cu/Al_2O_3	35.46	38.61	95.37	100	99.96	96.97
8% Co + 15% Cu/Al_2O_3	32.27	40.32	90.26	99.86	96.31	80.95
1% Ni + 15% Cu/Al_2O_3	26.43	35.64	88.67	95.63	90.25	85.24
5% Ni + 15% Cu/Al_2O_3	31.75	60.23	98.58	100	100	98.35
8% Ni + 15% Cu/Al_2O_3	28.69	37.48	86.43	99.93	94.13	88.62
1% Mo + 15% Cu/Al_2O_3	15.16	20.79	60.56	80.34	70.13	60.01
5% Mo + 15% Cu/Al_2O_3	21.14	40.85	50.23	70.76	65.32	52.56
8% Mo + 15% Cu/Al_2O_3	18.13	32.43	60.21	75.93	73.65	68.23

向 Cu/Al_2O_3 系列催化剂中添加过渡金属元素来改性催化剂，由表 6-5 可以看出，Fe、Co、Ni 的添加对于催化剂的性能起到了促进作用，但是 Mo 的添加 SO_2 的转化率反而降低，所以我们认为 Fe、Co、Ni 的添加是有利的，其中 Co、Ni 的添加可以使 SO_2 的转化率几乎接近 100%。当然催化剂的制备条件与制备方

法对催化剂的性能有很大影响，也有可能用其他的制备方法和制备条件催化剂的性能就会出现截然不同的情况。

6.6 催化剂的表征

为了探求不同条件对催化剂活性的影响，本试验采取了一些先进的表征手段，对催化剂的表面形貌、元素含量、比表面积、物相等作了研究，并结合试验现象进行了一定的分析探讨。

6.6.1 SEM 扫描电镜分析

扫描电子显微镜利用细聚焦电子束在样品表面逐点扫描，与样品相互作用产生各种物理信号，这些信号经检测器接收、放大并转换成调制信号，最后在荧光屏上显示反映样品表面各种特征的图像。扫描电镜具有景深大、图像立体感强、放大倍数范围大、连续可调、分辨率高、样品室空间大且样品制备简单等特点，是进行样品表面研究的有效分析工具。本试验中催化剂样品颗粒的表面形貌通过 SEM（Scanning Electron Microscope）观察。SEM 在 JSM-5600LV（日本 JEOL 公司制造）上进行。

图 6-21 为商品氧化铝与溶胶-凝胶法制备的氧化铝的扫描电镜照片。比较图 6-21 中 a 与 b 可见，商品氧化铝表面有很多凹道，但比溶胶-凝胶法制备的氧化铝表面要平整得多。溶胶-凝胶法制得氧化铝表面充满了各种孔道，这种结构有利于气体的催化转化。

图 6-22 中 a、b、c、d 分别为三种不同方法制备的催化剂的表面形貌照片。可以看到浸渍法制备的催化剂表面比较光滑，看不到像其他方法制备的催化剂表面有那么多的凹道和褶皱。通过 6.1.1 节的试验，我们知道浸渍法制得的催化剂活性是比较低的。这可以通过图 6-22 中 a、b、c 催化剂的表面差异得到一定的说明。

a

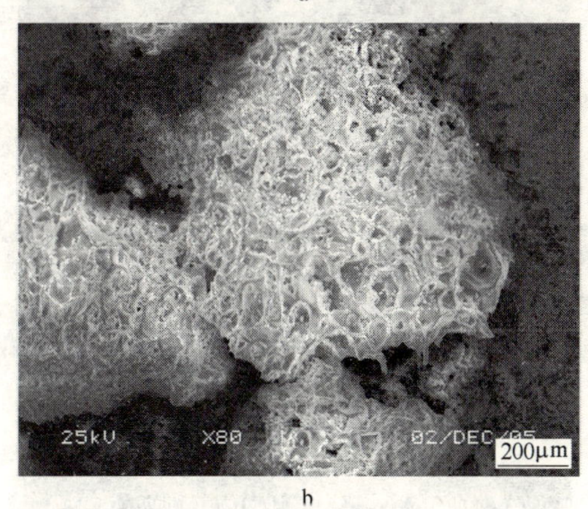

b

图 6-21　商品氧化铝和溶胶-凝胶法制备氧化铝的扫描电镜照片

a—商品氧化铝；b—溶胶-凝胶法制备的氧化铝

6.6.2　BET 比表面积测定

催化剂的表面是提供反应活性中心的场所。一般而言，表面积越大，催化剂的活性越高，所以常把催化剂做成粉末或分散在表面积大的载体上，以获得较高的活性。因此，催化剂表面积的测定工作是十分重要的。对于同一种化学组成的催化剂，改变制备方法和制备条件或添加其他组分后，都会引起活性的改变，其

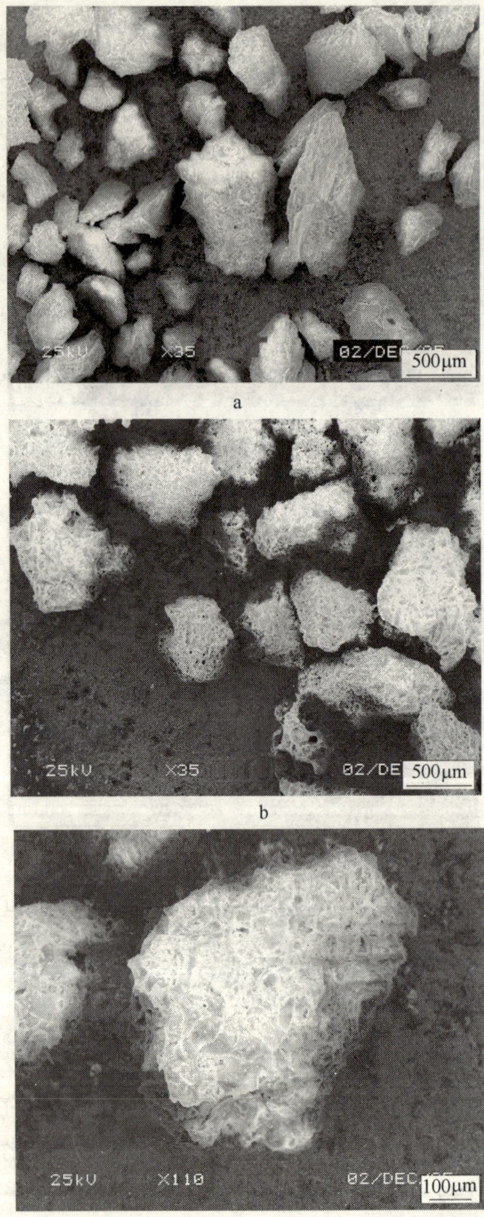
25kV
X35
02/DEC
500μm
a
25kV
X35
02/DE
500μm
b
25kV
X110
02/DEC
100μm
c

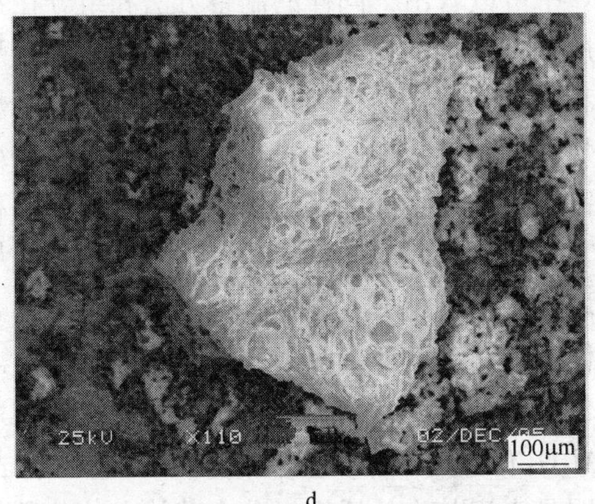

d

图 6-22　不同催化剂的扫描电镜照片

a—浸渍法制备的 10% Cu/Al_2O_3（质量分数）；b—溶胶-凝胶法 + 浸渍法制备的 10% Cu/Al_2O_3（质量分数）；c—共沉淀法制备的 10% Cu/Al_2O_3（质量分数）；d—溶胶-凝胶法 + 浸渍法制备的 10% Cu/Al_2O_3（质量分数）

原因往往可通过测定表面积得到启示。

本试验对制备的几种催化剂进行了比表面测定，测量仪器为 JW-04 型比表面测定仪，测定条件为在 77K 温度下用液氮吸附。测得数据如表 6-6 所示。

表 6-6　BET 法测定催化剂样品及载体的比表面积

测定样品名称	制备方法	焙烧温度/℃	BET 比表面积 $/m^2 \cdot g^{-1}$
Al_2O_3	溶胶-凝胶法	550	248.2
15% Cu/Al_2O_3	溶胶-凝胶法 + 浸渍法	550	219.3
15% Cu/Al_2O_3	溶胶-凝胶法 + 浸渍法	750	194.7
5% Fe + 15% Cu/Al_2O_3	溶胶-凝胶法 + 浸渍法	750	171.8
5% Co + 15% Cu/Al_2O_3	溶胶-凝胶法 + 浸渍法	750	129.3
5% Ni + 15% Cu/Al_2O_3	溶胶-凝胶法 + 浸渍法	750	121.6

从表6-6中可以看出，同样的制备方法和组分在不同的焙烧温度下焙烧所得催化剂的比表面积是不一样的。高温焙烧使催化剂的比表面积减小。通过活性评价试验可知，高温焙烧的催化剂要比低温焙烧的催化剂活性高。可见，比表面积不是决定该催化剂活性的关键因素。在不同的反应中，载体的比表面积只是一个物性数据，其反应活性的优劣并非因比表面积的增大而得以改善，而主要取决于活性组分在载体上的分散状态、价态分布以及反应物在载体或催化剂表面的吸附和解离性能[148~150]。

活性评价试验证实，添加Fe、Co和Ni后，催化剂的活性相对15% Cu/Al_2O_3有所增加。但是他们的催化剂的比表面积却相对降低，说明是由于其中的活性组分在载体上的分散状态发生了变化，使催化剂的活性反而增加。

6.6.3 X射线衍射（XRD）物相分析

X射线衍射简称XRD（X-Ray Diffraction）。X射线衍射法主要是测定催化剂的物相组成。本表征试验所用XRD分析仪为D8-ADVANCE型X射线衍射仪。主要测试参数为：接收狭缝0.6；采用Cu K_α射线和Ni滤片；管压40kV；管流30mA；扫描2θ范围10°~100°。

不同焙烧温度制备的15% Cu/Al_2O_3催化剂XRD谱见图6-23。不同焙烧温度制备的15% Cu/Al_2O_3催化剂其表面物相是不同的。特别是当焙烧温度为750℃时，其XRD图谱与焙烧温度为550℃和650℃时的图谱有较大变化。可以看到，焙烧温度为750℃的催化剂X衍射图谱有明显的$CuAl_2O_4$尖晶石的衍射峰出现，而CuO的衍射峰变得非常弱。焙烧温度为550℃和650℃所对应的图谱则有明显的CuO峰出现。这说明在这两个温度焙烧所得催化剂的活性物种主要是CuO。根据催化剂活性评价可知，在750℃焙烧的催化剂有更好的活性。由此可以认为，$CuAl_2O_4$尖晶石不仅没有抑制催化剂的活性，反而提升了催化剂的活性。

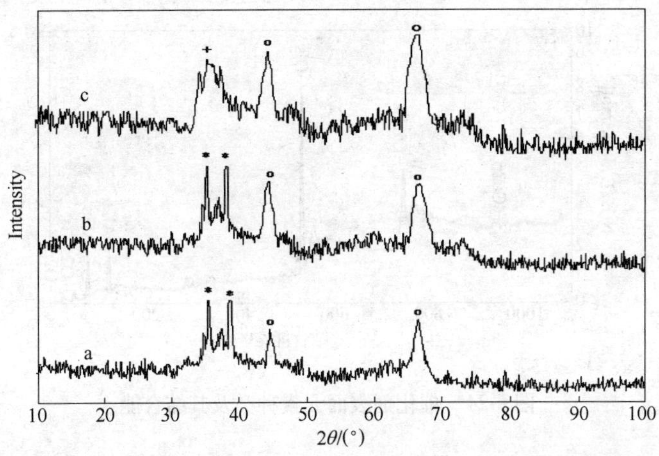

图 6-23　不同焙烧温度制备的 15% Cu/Al_2O_3 催化剂的 XRD 谱图

a—550℃；b—650℃；c—750℃

＊—CuO；○—Al_2O_3；＋—$CuAl_2O_4$

6.6.4　XPS 光电能谱分析

XPS 是 X-ray photoelectron spectrocopy 的简称。其工作原理是：用 X 射线照射样品，使其原子或分子的电子受激而发射出来。XPS 光电能谱测定，在 PHI-550 型 ESCA/SAM 多功能光电子能谱仪上进行，MgK_α 辐射源。测试样品为采用溶胶-凝胶法＋浸渍法在 750℃条件下焙烧制得的 15% Cu/Al_2O_3 催化剂。测试项目主要是催化剂表面元素以及元素化学态的分析。测定结果如图 6-24、图 6-25 和表 6-7 所示。

6.6.4.1　元素化学态分析

由分析测试结果图 6-24 与图 6-25，测定的样品中 Cu2p3/2 结合能为 934.6eV 和 935.1eV，表现出 CuO 和 $CuAl_2O_4$ 的结合能。这说明样品中的 Cu 元素是以 CuO 和 $CuAl_2O_4$ 这两种形式存在的，并且 Cu 表现为＋2 价。

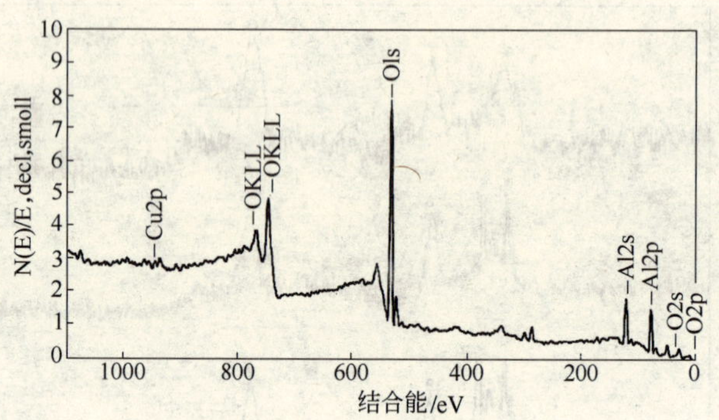

图 6-24　催化剂表面元素种类及其结合能

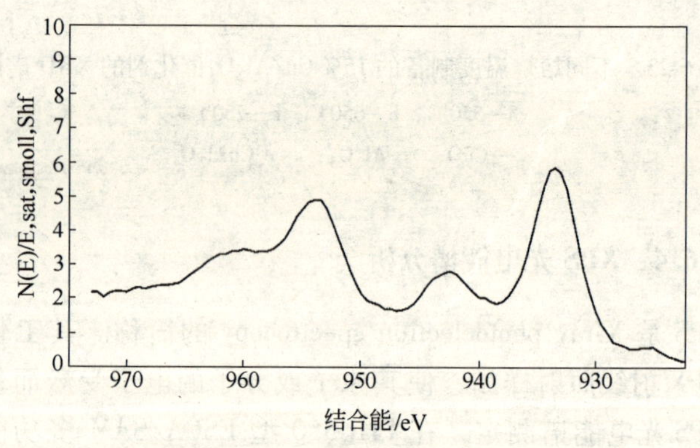

图 6-25　Cu 元素的结合能

6.6.4.2　表面元素含量分析结果

表 6-7 是利用 XPS 光电子能谱仪对样品表面 5nm 深度进行透射分析的结果。从所测定的含量看，Cu 元素主要分布在催化剂的表面。同时，被检测到的元素只含有 Cu、Al、O 三种，没有杂质被检测出。说明样品中可能含有的杂质含量都是低于 XPS 的检测限 1% 的。可知本试验中制备的催化剂纯度比较高。

表 6-7　元素含量表

元　素	面积（cts-eV/s）	敏感度因素	摩尔分数	质量分数/%
Cu	11309	255.425	4.5	12.81
Al	9601	13.509	39.22	47.12
O	48200	41.068	56.28	40.07

6.7　小结

分别考察了制备条件和反应条件对 Cu/Al_2O_3 系列催化剂还原 SO_2 的活性、选择性和稳定性的影响，得出以下的结论：

（1）制备方法对催化剂的活性有重要的影响。对 SO_2、CO、CH_4、H_2 的转化率而言，都是溶胶-凝胶法+浸渍法制得的催化剂最好，共沉淀法次之，浸渍法不是很理想。从四种气体的转化率来看，溶胶-凝胶法+浸渍法最佳。

（2）活性组分的多少直接影响催化剂的活性、选择性和稳定性，所以存在一个选择活性组分最佳负载量的问题。其中 Cu 的负载量为 10%（质量分数）的催化剂与 Cu 的负载量为 15%（质量分数）的催化剂对 SO_2 来说都可以达到相同的最大转化率（95%），但是 Cu 的负载量为 15%（质量分数）的催化剂具有最宽的活性温度窗口，其低温活性优于负载量为 10%（质量分数）的催化剂，对于生物质热解气中所含的三种气体也存在同样的规律，综合考虑认为，Cu 的最佳负载量为 15%（质量分数），过渡金属元素的添加可以有效地改善催化剂的活性。

（3）随着焙烧温度从 550℃ 上升到 850℃，SO_2、CO、CH_4、H_2 的转化率先是逐渐升高，在焙烧温度为 750℃ 达到最高点，然后降低，说明催化剂的焙烧温度也存在一个最佳值。但是焙烧温度为 850℃ 的催化剂在最短的时间内达到了转化率的稳定性。综合分析，认为焙烧温度为 750℃ 时，催化剂的活性最好。

（4）随着 SO_2 与生物质热解气体积比的提高，SO_2 的转化率逐渐降低，单质硫的产率逐渐升高，兼顾催化剂的活性和选择性，认为 SO_2 与生物质热解气的体积比等于0.3是最佳的原料气配比。

（5）SO_2的转化率随着空速的增大而减小，温度越高减少的幅度越大；CO与 H_2也有相同的转化规律，但是 CH_4的转化率随空速的变化不是很明显。

7 结论及建议

7.1 结论

随着我国磷化工业的发展，磷石膏的产生量越来越多，由此会带来越来越大的环境危害，将其综合利用，无论对环境安全或回收资源，还是保证磷肥工业发展的技术安全均具有商业价值和现实意义。本书通过磷石膏分解的试验研究、循环流化床反应器中的冷态试验研究以及烟气中SO_2的回收利用研究，得到的主要研究结论如下：

（1）磷石膏中$CaSO_4$自身的分解非常困难，如果用CO和高硫煤还原分解磷石膏，反应温度降低，则相对容易进行。在还原分解磷石膏过程中，如果反应气氛为还原性气氛，则会生成较多副产物硫化钙，控制反应气氛是抑制副产物产生的重要方法。

（2）磷石膏的热分解研究表明：1）磷石膏的热分解过程可分为四个阶段；第一阶段是磷石膏的干燥过程；第二阶段是磷石膏失去结晶水的过程；第三阶段是磷石膏分解的过程，这个过程也有可能是磷石膏中含有的一些杂质进行分解的过程，但是这个分解过程进行得很慢，失重较小；第四阶段是磷石膏同时发生分解和熔化的过程；2）磷石膏在大约1000℃时开始发生分解反应，与纯石膏在1250℃时发生分解反应相比，起始温度大大降低，说明磷石膏中含有的杂质促进了磷石膏的分解。

（3）磷石膏分解的试验研究表明：1）随着反应温度的升高，磷石膏的分解率及脱硫率升高，同时磷石膏分解率达到97%所需的反应时间逐渐减少，还原性气氛增加反应时间也会减少；2）还原性气氛越强，磷石膏的分解率越高，脱硫率则相对降低，为保证烟气中较高的SO_2体积分数，磷石膏的分解率和脱硫率必须同时达到最高；3）利用高硫煤还原分解磷石膏有利于提高烟气中 SO_2 的体积分数。

（4）冷态试验研究表明：1）循环流化床反应器是分解磷石膏的最佳反应器，在同一高度截面上，炉膛内压差随风量的增加而增加，但是风量增大到使流型发生变化时，就会使其在同一截面上减小了；2）炉膛内压差随物料的增加而逐渐增加；3）在同一截面上，颗粒的平均体积分数随风量的增大而逐渐减小，随物料的逐渐增大而增大；4）颗粒体积分数分布的不均匀性随风量的增大而逐渐减小，随物料量的增加不断增大。

（5）运用 Fluent 软件，选择双流体模型结合颗粒动力学理论既考虑了气、固两相的宏观作用，简化了运算，又考虑了气体与颗粒、颗粒与颗粒之间的微观作用。对循环流化床反应器的模拟结果表明：1）对于相同的气体，表观速度和固体物料循环量、初始物料量不同，也会出现不同的床层空隙率的轴向分布情况；2）在矩形截面流化床内存在一个大的内循环；3）颗粒在四周及墙角处浓度较大；4）顶部单侧出口形成了颗粒体积分数最大值的偏移、颗粒速度的偏移、湍动能的偏移以及湍动能耗散率的偏移。

（6）生物质热解气选择性催化还原磷石膏分解产生的烟气中 SO_2 的研究表明：1）制备方法对催化剂的活性有重要的影响，对 SO_2、CO、CH_4、H_2 的转化率而言，都是溶胶-凝胶法+浸渍法制得的催化剂最好，共沉淀法次之，浸渍法不是很理想，从四种气体的转化率来看，溶胶-凝胶法+浸渍法最佳；2）活性组分的多少直接影响催化剂的活性、选择性和稳定性，其中 Cu 的负载量为10%（质量分数）的催化剂与 Cu 的负载量为15%（质量分数）的催化剂对 SO_2 来说都可以达到相同的最大转化率（95%），但是 Cu 的负载量为15%（质量分数）的催化剂具有最宽的活性温度窗口，低温活性优于负载量为10%（质量分数）的催化剂，对于生物质热解气中所含的三种气体也存在同样的规律，综合考虑认为 Cu 的负载量为15%（质量分数）是最佳负载量；3）催化剂的焙烧温度直接影响着催化剂的活性、选择性和稳定性，随着焙烧温度从550℃上升到850℃，SO_2、CO、CH_4、H_2的转化率先是逐渐升高，在焙烧温度为750℃时达到最高点，然后降低，说明催化剂的焙烧温度存在一个最佳焙烧温度。但是焙烧温度为850℃的催化剂在最短的时间内达到转化率的稳定，综合分析认为焙烧温度为750℃时，催化剂的活性最好；4）随着 SO_2 与生物质热解气体积比的提高，SO_2 的转化率降低，单质硫的产率逐渐升高，兼顾催化剂的活性和选择性，认为SO_2/生物质热解气 =0.3（体积比）时是最佳的原料气配比；5）SO_2的转化率随着空速的增大而减小，温度越高减小的幅度越大；CO与H_2也有相同的转化规律，但是CH_4的转化率随空速的变化不是很明显；6）利用过渡金属元素改性催化剂，可以有效地改善催化剂的性能。

7.2 建议

（1）对利用高硫煤还原分解磷石膏进行热平衡试验以及运行优化试验研究，以得到更多的试验数据，同时用数值模拟对试验数据进行验证。

（2）对循环流化床分解磷石膏进行热态试验，并进行数值模拟与理论分析。

（3）在前期研究的基础上进行循环流化床分解磷石膏的工业化试验，为循环流化床分解磷石膏的实践运行提供试验及理论依据。

（4）磷矿石因成分不同，生产工艺和处理方式的差异造成磷石膏杂质含量和理化性能波动很大，给资源化利用带来一系列问题，使目标产品的质量难以保证。因此，在实际生产中，应根据矿源品位、废渣性质灵活地改善循环流化床的反应条件，使其反应结果达到最好。

（5）对磷石膏进行综合利用是为解决环境污染而提出的，因此整个过程不应形成新的污染。所以在循环流化床分解磷石膏综合利用的过程中，对磷石膏中杂质的去除还应进行进一步的研究。

（6）磷石膏的放射性与其矿石产地有关。有些产地矿石中放射性核素的含量高，相应废料磷石膏的放射性含量就高。我国进口矿石产生的磷石膏中放射性含量普遍较高，而国产磷矿石产生的放射性含量较低。所以，在循环流化床分解磷石膏的过程中，必须对不同产地的磷石膏进行放射性水平测试，才能合理地利用磷石膏。磷石膏放射性水平必须符合国家标准 GB 6566—2001《建筑材料放射性核素限量》，超标的磷石膏不得使用或减量使用。

7.3 本研究工作的主要创新点

（1）提出并研究采用新型还原剂黄磷尾气（主要成分为 CO）和高硫煤还原分解“危险废物”磷石膏。

（2）提出在循环流化床反应器中用高硫煤还原分解磷石膏，且进行了循环流化床分解磷石膏的冷态试验研究，并利用 Fluent 软件对气、固两相流进行数值模拟研究。

（3）提出一个高硫煤的合理利用和资源化途径，利用了煤中的硫，减少了煤的洗选过程，增加了煤利用中的经济性；同时解决了“危险废物”磷石膏的无害化处理和出路问题。

（4）提出从我国高硫煤、磷石膏废物资源中综合回收硫资源，缓解我国硫资源短缺的现状。

（5）提出利用生物质热解气选择性催化还原烟气中 SO_2 制取单质硫，并进行了催化剂的筛选及表征。

附录 二氧化硫排放标准

（引自 GB 16297—1996《大气污染综合排放标准》）

表 1 现有污染源 SO_2 的排放标准（GB 16297—1996）

污染物	最高允许排放质量浓度/mg·m^{-3}	最高允许排放速率/kg·h^{-1}				无组织排放监控浓度限值	
		排气筒高度/m	一级	二级	三级	监控点	质量浓度/mg·m^{-3}
二氧化硫	1200（硫、二氧化硫、硫酸和其他含硫化合物生产）	15	1.6	3.0	4.1	无组织排放源上风向设参照点，下风向设监控点	0.5（监控点与参照点浓度差值）
		20	2.6	5.1	7.7		
		30	8.8	17	26		
		40	15	30	45		
	700（硫、二氧化硫、硫酸和其他含硫化合物使用）	50	23	45	69		
		60	33	64	98		
		70	47	91	140		
		80	63	120	190		
		90	82	160	240		
		100	100	200	310		

表 2 新污染源 SO_2 排放限值（GB 16297—1996）

污染物	最高允许排放质量浓度/mg·m^{-3}	最高允许排放速率/kg·h^{-1}			无组织排放监控浓度限值	
		排气筒高度/m	二级	三级	监控点	质量浓度/mg·m^{-3}
二氧化硫	960（硫、二氧化硫、硫酸和其他含硫化合物生产）	15	2.6	3.5	周界外浓度最高点	0.4
		20	4.3	6.6		
		30	15	22		
		40	25	38		
	550（硫、二氧化硫、硫酸和其他含硫化合物使用）	50	39	58		
		60	55	83		
		70	77	120		
		80	110	160		
		90	130	200		
		100	170	270		

参考文献

1 Werbeek C J R，Plessis B J G W. Density and flexural strength of phosphogypsum-polymer composites［J］. Construction and Building Materials，2005，19（4）：265～274

2 Lee J Y，Kim Y C，Lee K K. Hydrogeological investigation and discharge control of a nutrient-rich acidic solution from a coastal phosphogypsum stack at Yeocheon，Korea［J］. Water，Air，and Soil Pollution，2004，151（4）：143～164

3 Al-Masri M S，Amin Y，Ibrahim S，Al-Bich F. Distribution of some trace metals in Syrian phosphogypsum［J］. Applied Geochemistry，2004，19（5）：747～753

4 马林转，宁平，杨月红等．磷石膏的综合利用与应重视的问题［J］．磷肥与复肥，2007，22（1）：54～55

5 胡振玉．磷石膏制硫酸联产水泥机理与应用研究：［学位论文］．北京：北京科技大学，2004

6 陶俊法．云南磷深加工发展探讨，磷肥与复肥，2006，21（2）：7～11

7 Singh，Manjit. Role of Phosphogypsum impurities on strength and microstructure of selenite plster［J］. Construction and Building Materials，2005，19（6）：480～486

8 Jiang Hongyi，Liu Tao. Study on the influence of grading and impurity distribution for the properties of phosphogypsum［J］. Journal of Wuhan University of Technology，2006，26（1）：28～30

9 Motalane M P，Strydom C A. Potential groundwater contamination by fluoride from two South African phosphogypsums［J］. Water SA，2004，30（4）：465～468

10 席美云．磷石膏的综合利用［J］．环境科学与技术，2001，21（3）：10～13

11 马林转，宁平，杨月红等．磷石膏的预处理工艺综述．磷肥与复肥，2007，22（3）：62～63

12 白锡柱．磷酸生产技术开发的进展．见：中国磷化工可持续发展国际研讨会论文集，2006. 61～68

13 魏超平．磷石膏综合利用现状调查与探讨［J］．新型建筑材料，1994，10（2）：30～33

14 曹智澄，姚永发．磷石膏环境问题及渣厂设计探讨．磷肥技术论文汇编，1990，5（6）：284～295

15 Rei J L. Cleaner phosphogypsum coal combustion ashes and waste incineration ashes for application in building materials：A review［J］. Building and Environment，2006，42（2）：1036～1042

16 Taha Ramzi. Environmental characteristics of by-product gypsum［J］. Transportation Research Record，1995，6（7）：21～25

17 Singh Manjit. Improved process for the purification of phosphogypsum [J]. Construction and Building Materials, 1996, 10 (10): 16 ~ 18

18 Singh, Manjit. Effect of phosphatic and fluoride impurities of phosphogypsum on the properties of selenite plaster [J]. Cement and Concrete Research, 2003, 33 (9): 1363 ~ 1369

19 Van der Sluis S. Filtration and washing of calcium sulphate/phosphoric acid slurries [J]. Filtration and Separation, 1989, 26 (4): 8 ~ 10

20 段付岗，王少婷．提高磷石膏洗涤率的措施［J］．磷肥与复肥，1996，10（3）：34 ~ 38

21 王东亮．磷石膏综合利用不可忽视的问题［J］．中国建材装备，1997，5（2）：21 ~ 23

22 段庆奎，王立明．闪烧法——磷石膏的无害化处理新工艺［J］．宁夏石油化工，2004，5（3）：13 ~ 16

23 谢超凌，高惠民，朱芳．磷石膏预处理及利用［J］．云南化工．2006，33（2）：64 ~ 67

24 Akin Altun, Yesim Sert. Utilzation of weathered Phosphogypsum as set retarder in Portland cement [J]. Cement and Concrete Research, 2004, 34 (4): 677 ~ 680

25 Singh Manjit. Improved process for the purification of phosphogypsum [J]. Construction and Building Materials,1996,3(10):30 ~ 32

26 De Macedo Borges, Rosana Maria, De Lima, et al. Characterization of the phosphogypsum generated from phosphoric acid plants [J]. 58th Congresso Annual da ABM (Associacao Brasileira de Metallurgia Materials), 2003, 25 (10): 1104 ~ 1114

27 Singh Manjit. Treating waste Phosphogypsum for cement and plaster manufactur [J]. Chemical and Concrete Research, 2002, 32 (12): 1033 ~ 1038

28 Didamony E I H, Aleem E I S, Aziz E I M. Untreated phosphogypsum as a set retarder for slag cement production [J]. Industrial Ceramics, 2003, 23 (1): 19 ~ 24

29 杨淑珍．磷石膏的改性及其作水泥缓凝剂研究［J］．武汉理工大学学报，2003，25（1）：23 ~ 25

30 钟伯明．改性磷石膏用作水泥缓凝剂［J］．水泥，2003，8（10）：11 ~ 13

31 曹建新．磷石膏的改性及其在水泥生产上的应用［J］．环境污染与防治，2002，11（3）：184 ~ 192

32 刘圣林．磷石膏用作水泥缓凝剂的研究［J］．磷肥与复肥，2004，19（2）：45 ~ 46

33 El-sayed AIi El-Alfi. Characteristics of ordinary portland cement pastes in presence of phosphogypsum [J]. Silicates Indus, triels, 2003, 68 (7): 99 ~ 103

34 邢磊．工业固体废弃物的矿物学研究及其资源化途径探讨——以德阳磷石膏、

钢渣、绵阳铬渣为例：[学位论文]．成都理工大学，2001

35 闫久智．磷石膏制硫酸联产水泥工艺［J］．磷肥与复肥，2004，19（3）：53～55

36 郭翠香，石磊，牛冬杰，赵有才．浅谈磷石膏的综合利用［J］．中国资源综合利用，2006，24（2）：29～32

37 蒋永安．磷石膏制硫酸联产水泥的装置情况介绍［J］．硫酸工业，2002，14（6）：5～10

38 郑苏云，陈通，郑林树．磷石膏综合利用的现状和研究进展［J］．化工生产与技术，2003，10（4）：33～35

39 Anon. Sulfoaluminate-Bellte cement from limestone, phosphogypsum and other waste product[J]. Industria Italiana del Cemento, 2004, 74(12): 928～935

40 Ilic M，etc. Utilization of the waste Phosphogypsum for the Portland cement clinker production［J］. Toxicological and Environmental Chemistry，1999，69（1）：10～13

41 Halicz L，etc. The influence of P_2O_5 on clinker reactions［J］. Cement and Concrete Research，1994，24（5）：14～17

42 陈强．用磷石膏作矿化剂在立窑中炒制水泥熟料［J］．水泥，1989，6（4）：21～25

43 Singh Manjit，Garg Mridul，Somani K K. Experimental investigations in developing low cost masonry cement from industrial wastes［J］. Indian Concrete Journal，2006，80（3）：31～36

44 宁平，马林转，杨月红等．一种高硫煤还原分解磷石膏的方法，10011002.6.2006

45 Aagli A，Tamer N，Atibir A，et al. Conversion of phosphogypsum to potassium sulfate：Part Ⅰ. The effect of temperature on the solubility of calcium sulfate in concentrated aqueous chloride solutions［J］. Journal of Thermal Analysis and Calorimetry，2005，82（2）：395～399

46 Sinden J. Advances in phosphate technology. Phosphorus & Potassium，1992，18（3）：12～15

47 Mohanty B，et al. Potential utilization of phosphogypsum. Minerals & metallurgical processing，1993，10（3）：14～16

48 张兴法．磷石膏综合利用副产物碳酸钙渣的再资源化［J］．化工矿物与加工，2004，12（6）：21～23

49 刘晓红，卢芳仪，孙日圣等．磷石膏制酸钾的新工艺［J］．化工环保，2001，21（1）：29～32

50 Singh M. An Improved Process for Purification of Phosphogypsum. Construction and Building Materials. 1996, 8(10): 597～600

51 Singh M，Ridulforced G M. Gypsum-based fiber-reincompositics an alternative to Jimber

[J]. Construction and Building Materials. 1994, 3 (4): 155 ~ 160
52 Lutz R. Preparation of Phosphate Acid Wastes Gypsum for Further Processing to Make Building Materials. Zement-Kalk-Gips 1995, 6 (2): 98 ~ 102
53 Lut R. Preparation of Phosphate Acid Wastes Gypsum for Further Processing to Make Building Materials. Zement-Kalk-Gips 1995, 8 (2): 98
54 University of Florida, Phosphate Rock Treatment Influence of Phosphogypsum on Forge Yield and Quality and on the Environment in Typical Florida Spododol Soils. Volume I. Forage Yields and Quality of Bahiagrass ans Annual Ryegrass Pastures Fertilized with Phoshphogypsum as a Source of Sulfur and Calcium. Florida Institute of Phosphate Research. July 1996, 10 (3): 85 ~ 127
55 Charles A. Wilson, et al. Louisiana State University, The Substrate Suitability of Phosphogypsum Composites for Marine Habitat Enhancement. Florida Institute of Phosphate Research. January 1998, 10 (1): 127 ~ 164
56 Yilmaz V T, Ishildak O. Influence of some set accelerating admiztures on the Hydration of Porland cement containing phosphogypsum [J]. Advances in Cement Research. 1993, 6 (2): 147 ~ 150
57 Olmez H, Yilmaz V T. Infrared Study on the Refinement of Phosphogypsum for Cement [J]. Cement and Concrete Research. 1988, 18 (5): 449 ~ 454
58 Mehta P K, Brady J R. Utilization of Phosphogypsum in Portland Cement Industry [J]. Cement and Concrete Research. 1997, 27 (4): 537 ~ 544
59 Olmez H, Erdem E. The effects of Phosphogypsum on the setting and mechanical properties of cement and trass cement [J]. Cement and Concrete Research. 1989, 19 (3): 377 ~ 384
60 Singh Manjit. The effects of chemical gypsum on the properties of blended cements [A], the 4 Beijing International Symposium On Cement And Concrete. Beijing: International Academic Publishers 1988. 166 ~ 169
61 J A Fernandez Lozano, et al. Production of Potassium Sulfate by an Ammoniation Process. The Chemical Engineering, 1979
62 岑可法，倪明江，骆仲泱等. 循环流化床锅炉运行理论设计与运行（第一版）. 北京：中国电力出版社，1998
63 胡振玉. 磷石膏制硫酸联产水泥机理与应用研究：[学位论文]. 北京：北京科技大学，2004
64 宁平，任丙南. 黄磷尾气的综合利用及净化途径探讨. 云南环境科学，2003，22 (增刊)：149 ~ 151
65 杨云，张林勇，殷文华. 黄磷尾气的净化与应用 [J]. 气体净化，2003，3 (4)：129 ~ 133

66 任占东．催化氧化法脱除黄磷尾气中的磷化氢和硫化氢［J］．化工环保，2005，25（3）：221～224
67 宁平，潘克昌等．黄磷尾气固定床催化氧化净化的方法［P］．中华人民共和国发明专利．CN 1398658A，2003-02-26
68 杨永清，张慧娟．高硫煤的利用途径［J］．科技情报开发与经济，2005，5（15）：166～167
69 王淑英．煤对中国大气污染的影响及对策［J］．洁净煤技术，2005，11（1）：69～71
70 沈兴．差热、热重分析与非等温固相反应动力学［M］．北京：冶金工业出版社，1995
71 王雅琴，周松林．磷石膏分解条件的优化试验［J］．水泥工程，2001，6（2）：8～9
72 范浩杰，章明川，吴国新．碳酸钙热分解的机理研究［J］．动力工程，1998，18（5）：40～43
73 Sebbahi，Salous；Chameikh，Mohamed Lemine Ould；etc. Thermal behaviour of Moroccan phosphogypsum［J］. Thermochimica Acta1997，302（12）：69～75
74 E. M. van der Merwe，C. A. Strydom，J. H. Potgieter. Thermogravimetric analsis of the reaction between carbon and $CaSO_4 \cdot 2H_2O$，gypsum and phosphogypsum in an inert atmosphere［J］. Thermochimica Acta，1999，340（11）：431～437
75 Gruncharov I. Effect of some additive on the thermochemical decomposition of phosphogypsum. Gypsum & Lime. 1986，20（5）：306～501
76 J. Sestak，Thermochimica. Acta.，1971，3（3）：150～152
77 Sestak J，Berggren G，Thermochim. Acta.，1971，3（2）：1～3
78 Skvara F，Sestak J. J. Therm. Anal.，1975，8（1）：477～479
79 陈闽子，佟琦，韩树民．磷石膏、粉煤灰在硅钙硫肥料生产中的应用［J］．中国资源综合利用，2003，9（5）：9～11
80 Breault R W. A review of gas-solid dispersion and mass transfer coefficient correlations in circulating fluidized beds［J］. Podwe Technology 2006，163（3）：9～17
81 金涌，祝京旭，汪展文等．流态化工程原理．北京：清华大学出版社，2001
82 Basu P, Avidan A A(eds). Circulating Fluidized Bed Technology IV. AIChE. 1993
83 Basu P，Fraser S A. Circulating Fluidized Bed Boiler. Boston：Butterworths -Heinemann，1991
84 岑可法，池涌．燃煤联合循环发电技术的进展与方案比较．动力工程，1994，14（5）：1～9
85 白丁荣，金涌，俞芷青．循环流态化（Ⅰ）．化学反应工程与工艺［J］，1991，7（2）：202～213

86 Bai D R, Jin Y, Yu Z Q, Zhu J X. The Cross-sectionally Averaged Voidage Profiles in Fast Fluidized Beds, Powder Technology, 1992, 71 (3): 51 ~58

87 Kwauk M, Wang N D, Li Y, Chen B Y, Shen Z Y. Fast Fluidization at ICM, Circulating Fluidized Bed Technology, Basu P ed., Pergamon Press, Oxford, 1986, 33 ~62

88 Arena U, Maiandrino A, Marzocchella A, Massimilla L. Flow Structures in the Risers of Laboratory and Pilot CFB Units, Circulating Fluidized Bed Technology Ⅲ, P Basu, M Horio, and M Hasatani eds., Pergamon Press, New York, 1991, 4 (3): 137 ~440

89 Yang Y L, Jin Y, Yu Z Q, et al. Average particle velocity profile in dilute Circulating Fluidized Beds, Chem. Reaction Eng. And Technology, 1990, 6 (4): 30 ~35

90 Berruti F, Kalogerakis N. Modelling the internal flows tructure of circulating fluidized beds, Can. J. Chem. Eng., 1989, 67 (10): 10 ~14

91 Shigeyuki Uemiya, Toshihide Kobayashi, Toshinori Kojima. Desulfurization behavior of Ca-based absorbents under periodically changing condition between reducing and oxidizing atmosphere [J]. Energy Conversion and Management, 2001, 42 (11): 2029 ~2041

92 Harris A T, Davidson J F, Thorpe R B. The prediction of particle cluster properties in the near wall region of avertical riser, Powder Technology, 2002, 127 (12): 1501 ~1512

93 Bai D R, Zhu J X, Jin Y, Yu Z Q. Internal Recirculation flow structure in vertical upward flowing gas-solid suspensions, Part-Ⅰ, xore/annular model, Powder Technology, 1995, 88 (6): 171 ~172

94 Yan Y, Peng X F, Lee D J. Transport and reaction characteristics in flue gas desulfurization [J]. International Journal of Thermal Sciences 2003, 42 (9): 949 ~994

95 Sinclair J L, Jackson R. Gas-particle flow in a vertical pipe with particle-particle interaction, AIChE. J., 1989, 35: 1473 ~1486

96 白丁荣，金涌，俞芷青．循环流态化（Ⅱ）：气-固流动规律，化学反应工程与工艺［J］．1991，7（3）：303 ~317

97 白丁荣，金涌，俞芷青，循环流态化（Ⅲ）：气-固流动模型，化学反应工程与工艺［J］．1991，7（4）：422 ~431

98 Kaiser S, Weigl K, et al. Modeling a dry-scrubbing flue gas cleaning process [J]. Chemical Engineering and processing, 2000, 39 (4): 425 ~432

99 刘大有．二相流体动力学［M］．北京：高等教育出版社，1993

100 Gidaspow D. Multiphase flow and fluidization-continuum and Kinetic Theory Descriptions. NewYork: Academic Press, 1994

101 Gidaspow D. Multiphase flow and fluidization [M]. San DiegoAcademic Press, 1993
102 欧阳洁，李静海. 模拟气固流化系统的数值方法 [J]. 应用基础与工程科学学报，1999，7 (4)：335 ~ 345
103 孙其诚，李静海. 鼓泡流化床中气泡行为的模拟 [J]. 化工冶金. 2000，36 (4)：216 ~ 218
104 刘大有. 现代力学与科技进步 [M]. 北京：清华大学出版社，1997，622 ~ 625
105 Davidson J F, Harrison D. Fluidized Particles [M]. Cambridge University Press, NewYork, 1963, 42 ~ 100
106 Hong R, et al. Numerical simulation and verification of a gas-solid jet fluidized bed [M], Powder Tech. 1996, 73 ~ 81
109 Cao J, Ahmadi G. Gas-particle two-phase turbulent flow in a vertical duct [J]. Int. J. Multiphase Flow, 1995, 21 (6): 1203 ~ 1228
110 Nieuwland J J, Kuipers M, Van Swaaij W. Hydrodynamic Modeling of Gas/Particle Flows in Riser Reactors [J]. AIChE J., 1996, 42 (6): 1569 ~ 1583
111 Gidaspow D, Lu H. Equation of State and Radial Distribution Functions of FCC Particles in a CFB [J]. AIChE J., 1998, 44 (2): 279 ~ 293
112 郭印诚，陈新国，徐春明. 运用稠密气体理论建立气粒两相流流动模型 [J]. 化学反应工程与工艺，1999，15 (4)：416 ~ 423
113 Boswell M C. Canadian pat 301554. 1930
114 Boswell M C. US Pat 1880741. 1932
115 Boswell M C. US Pat 2026819. 1936
116 Doumani T F. US Pat 2361825. 1944
117 Doumani T F, Deery R F, Bradley W E. Recovery of sulfur from sulfur dioxide in waste gases Ind. Eng. Chem., 1984, 36 (5): 485
118 班志辉，王树东，吴迪镛. 在 Ru/Al_2O_3 催化剂上用 H_2 对 SO_2 选择性催化还原研究 [J]. 环境污染治理技术与设备，2001，2 (3)：36 ~ 43
119 Paik S C, Chung J S. Selective catalytic reduction of sulfur dioxide with hydrogen to elemental sulfur over Co-Mo/Al_2O_3. Appl. Catal. B, 1995, 10 (5): 233
120 Paik S C, Chung J S. Selective hydrogenation of SO_2 to element sulfur over transition metal sulfides supported on Al_2O_3. Appl. Catal. B, 1996, 14 (8): 267
121 邝素萍，李红，马文石，李伟善. 脱硫技术现状及前景展望 [J]. 广东化工. 2002，25 (1)：16 ~20
122 陈爱平，马建新，方明. 钙钛矿结构在 CO 还原 SO_2 催化脱硫的作用 [J]. 催化学报，1998，19 (4)：320 ~ 322
123 Happel J, Huatow M A, Bajars L, Kundrath M. Lanthanum titanate catalyst sulfur di-

oxide reduction. Ind. Eng. Chem. Prod. Res. Dev. , 1975, 14 (5): 154 ~165
124 Happel J, Leon A L, Hnatow M A, Bajars L. Catalyst composition optimization for the reduction of sulfur dioxide by carbon monoxide. Ind. Eng. Chem. Prod. Res. Dev. , 1977, (16): 150 ~165
125 徐秀峰，潘燕飞. SO_2的催化脱除方法［J］. 山东化工，2001，30（5）：15 ~17
126 Ma J X, Fang M, Lau N T. On the synergism between La_2O_2S and CoS_2 in the reduction of SO_2 by CO［J］. J Catal, 1996, 158 (1): 251 ~259
127 胡大为，秦永宁，马智，韩森. 载体对 CO 还原SO_2到单质硫铁基催化剂性能的影响［J］. 燃料化学学报，2002，30（2）：156 ~161
128 Liu W, Sarofim A F, Stephanopoulous M F. Reduction of SO_2 by CO to elemental sulfur over composite oxide catalysts［J］. Appl Catal B, 1994, 4 (2): 167 ~186
129 David J Mulligan, Dimitrios Berk. Reduction of sulfur dioxide with methane over selected transition metal sulfides［J］. Ind Eng Chem Res, 1989, 28 (2): 926 ~931
130 John Sarlis, Dimitrios Berk. Reduction of sulfur dioxide by methane over transition metal oxide catalysts［J］. Chem Eng Comm, 1996, 140 (1): 73 ~85
131 胡国新. "洁净煤技术"的烟气净化系统最近概况及其工艺选择［J］. 热能动力工程. 1997，12（4）：245 ~249
132 Helmstrom J J, Atwood G A. The Kinetics of the Reduction of SO_2 with Methane over a Bauxite catalyst. Ind Eng Chem Prod Res Dev, 1978, 17: 114
133 John Sarlis, Dimitros Berk. Reduction of sulfur dioxide with methane over activated alumina［J］. Ind Eng Chem Res, 1988, 27: 1954 ~1957
134 Lepsoe R. Chemistry of sulfur dioxide reduction. Ind, Eng, Chem. 1940, 32 (5): 910 ~917
135 Pourbaix M. British pat 471668. 1936
136 郑诗礼，杨松青，张宏闻等. 碳热还原 SO_2的热力学平衡验证［J］. 环境化学. 1997，16（4）：300 ~302
137 王清海. 燃煤废气中二氧化硫转变成硫磺的研究［J］. 环境保护，2003，31（4）：25 ~27
138 黄仲涛. 工业催化［M］. 北京：化学工业出版社，2002
139 黄仲涛. 工业催化剂手册［M］. 北京：化学工业出版社，2004
140 Ukisu Y, Miyadera T. Infrared study of catalytic reduction of lean NO_x with alcohols over alumina- supported silver catalyst［J］. Catal. Lett. , 1996, 39 (4): 265 ~267
141 刘振林，伏义路. 制备方法对 Pd 催化剂上丙烯选择性还原 NO 反应性能的影响［J］. 催化学报，2001，22（1）：62 ~66
142 Iwamoto M. Catalyst technology for reduction NO. Proc. Of Meeting of Catalytic Technol-

ogy for removal of NO [J]. Tokyo, Japan: 1990, 10 (5): 17 ~ 22

143 刘志明，郝吉明，傅立新等. 富氧条件下 SnO_2/Al_2O_3 催化剂上丙烯选择性还原 NO_x 的研究 [J]. 环境科学，2004，25（4）：7 ~ 11

144 崔翔宇，郝吉明，傅立新等. 不同方法制备的铟催化剂选择性还原 NO [J]. 环境科学，2006，27（2）：214 ~ 218

145 黄仲涛. 工业催化 [M]. 北京：化学工业出版社，1994

146 天津大学无机化学教研室. 无机化学 [M]. 第二版. 北京：高等教育出版社，1992

147 崔翔宇，郝吉明，傅立新等. 富氧条件下 Ag、Co 和 Cu/Al_2O_3 选择性催化还原 NO 的研究 [J]. 环境科学，2004，25（4）：18 ~ 21

148 Alva A K. Possible utilization of flue-gas desulfurization gypsum and fly ash for citrus production: evaluation of crop growth response. Waste Management, 1994, 14 (7): 830 ~ 841

149 Sinden J. Advances in phosphate technology. Phosphorus & Potassium, 1992, 180(6): 502 ~ 521

150 Ahmad S, et al. Fast removal of chromium from industrial effluents using a natural mineral mixture. Inter J Environ Anal Chem, 1991, 44 (12): 231 ~ 250

151 孔珑. 工程流体力学. 北京：中国电力出版社，1998

152 宇传华，颜杰. Excel 与数据分析. 北京：电子工业出版社，2002

153 Taha Ramzi etc. Environmental characteristics of by-product gypsum [J]. Transportation Research Record, 1995, 12 (7): 50 ~ 61

154 FLUENT Inc. User's Guide v2 [M]. lebanon, USA: FLUENT Inc, 1998

冶金工业出版社部分图书推荐

书 名	定价（元）
化验师技术问答	79.00
有色冶金分析手册	149.00
现代金银分析	118.00
大学化学	20.00
分析化学实验教程	20.00
化学工程与工艺综合设计实验教程	12.00
现代色谱分析法的应用	28.00
水分析化学	14.80
水分析化学（第2版）	17.00
有机化学	20.00
无机化学实验	14.00
现代实验室管理	19.00
轻金属冶金分析	22.00
重金属冶金分析	39.80
贵金属分析	19.00
物理化学（第2版）	35.00
物理化学（高等职业技术学校）	30.00
环境生化检验	14.80
现代日用化工产品	45.00
煤焦油化工学	25.00
膜法水处理技术（第2版）	32.00
环保知识400问（第3版）	26.00
除尘技术手册	78.00
金银精炼技术和质量监督	49.00
固体废弃物资源化技术与应用	65.00
高浓度有机废水处理技术与工程应用	69.00
二氧化硫减排技术与烟气脱硫工程	56.00
城市生活垃圾管理信息化	18.00
环境污染物监测（第2版）	10.00
工业废水处理（第2版）	11.50
水污染控制工程（第2版）	31.00
钛提取冶金物理化学	20.00
分析化学简明教程	23.00